自由表面水流
数值模拟技术研究

吕　彪　马殿光　李华国　刘　新　金　生　编著

人民交通出版社股份有限公司
China Communications Press Co.,Ltd.

内 容 提 要

本书是一本关于具有自由表面水流问题数值模拟的专著，系统介绍了具有自由表面水流问题二、三维数学模型的基本原理、数值方法，以及在典型算例、内河、海洋工程中的验证与应用。

本书可作为相关专业的研究生、高年级本科生和工程技术人员的参考书，也可供从事水利、航运等专业的科研及设计人员阅读。

图书在版编目(CIP)数据

自由表面水流数值模拟技术研究 / 吕彪等编著. —北京：人民交通出版社股份有限公司，2022.3

ISBN 978-7-114-13570-5

Ⅰ.①自… Ⅱ.①吕… Ⅲ.①自由表面—水流模拟—数值模拟—研究 Ⅳ.①TB24

中国版本图书馆 CIP 数据核字(2017)第 000799 号

Ziyou Biaomian Shuiliu Shuzhi Moni Jishu Yanjiu

书　　名：自由表面水流数值模拟技术研究
著 作 者：吕　彪　马殿光　李华国　刘　新　金　生
责任编辑：牛家鸣　潘艳霞
文字编辑：钱悦良
责任校对：孙国靖　魏佳宁
责任印制：张　凯
出版发行：人民交通出版社股份有限公司
地　　址：(100011)北京市朝阳区安定门外外馆斜街 3 号
网　　址：http://www.ccpcl.com.cn
销售电话：(010)59757973
总 经 销：人民交通出版社股份有限公司发行部
经　　销：各地新华书店
印　　刷：北京虎彩文化传播有限公司
开　　本：720×960　1/16
印　　张：6
字　　数：109 千
版　　次：2022 年 3 月　第 1 版
印　　次：2022 年 3 月　第 1 次印刷
书　　号：ISBN 978-7-114-13570-5
定　　价：60.00 元

前　言

自然界中的水流运动问题大部分是具有自由表面的流动，如河流、湖泊及海水的流动等。它们的一个重要特点就是具有时刻不断变化的水—气交界面，是互相不渗透的两相流动问题。当仅需要研究水的流动状态时，由于两种流动介质的密度（水气密度比约为1000:1）等相差甚远，可以将此类问题简化为具有运动自由表面的单相流动问题。数学模型是近代水力学、流体力学、数值计算方法和计算机科学相结合的产物，近几十年来发展相当迅速。水体流动数学模型是以连续性方程和牛顿第二定律为基本控制方程，采用数值离散方法和计算机技术相结合的技术手段，能有效求解具有运动自由表面的水体流动问题。

按照水流物理量运动变化的维数可将数学模型分为一维、二维和三维。一维数学模型通常只能获得物理量的断面平均值，但由于其具有存储量和计算量小，求解速度快等优点，广泛地应用于洪水预报，防洪规划，河道整治等方面。为了获得更加详细的水流流动信息，如溃坝决堤，河道整治，河口等问题时，基于 Navier-Stokes 方程沿水深方向积分平均并基于一定的假设条件发展的二维数学模型，也得到广泛应用。但一、二维数学模型无法得到水平速度沿水深的变化，不能模拟水流和输运物质在垂向的升降运动。早期由于计算机计算能力的限制，应用于工程的三维模型是基于 Navier-Stokes 方程开发的三维静压数学模型，如内河航道整治及枢纽通航、河口、海岸及近岸水流的模拟。但当垂向加速度影响较大时，如短波水流、分层重力流、局部地形突变或水下建筑物附近水流流动等问题，静水压强假设模型会引入较大的误差。

近年来，由于计算机技术的迅速发展，直接求解三维 Navier-Stokes 方程来模拟水流问题越来越可行，采用 Navier-Stokes 方程求解水波问题的难点主要有以下几个方面：

(1) 自由表面的处理。水波的自由表面是随水波的运动而变化的，也就是计算域是随时间变化的，水波的自由表面一般是非线性的，如何处理非线性的自由表面是用 Navier-Stokes 方程模拟水波问题的最大难点。

(2) 不可压缩流体流动问题的求解方法。由于不可压流的压力波传输速度为无限大，压力的扰动具有瞬时传播到全流场的椭圆型方程性质，通常情况下压力泊松方程的计算时间往往占总计算时间的70%以上。

(3)用 Navier-Stokes 方程直接数值模拟其空间和时间的尺度都要小于湍流中小尺度的涡的时空尺度,因而直接用 Navier-Stokes 方程进行数值模拟还是比较困难的。

鉴于此,本书从描述自然界水流运动的基本控制方程入手,针对不同问题的特点和要求,将三维 Navier-Stokers 方程组进行合理简化,建立二维浅水方程和三维 Reynolds 时均方程水动力学平台。虽然本书建立的自由表面水波流动数学模型可以处理较为复杂的边界区域的水波演化问题,得到了一些有意义的结论,但是由于三维自由面水波流动是一个十分复杂的流体运动现象,其复杂的运动规律和内在机理需要做进一步分析和研究。加之作者水平有限,书中错误和不足之处在所难免,恳请读者批评指正。

在本书出版过程中,交通运输部天津水运工程科学研究院领导和同事也给予很大的帮助。在此向他们以及协助本书出版的同仁表示衷心感谢!

作　者

2021 年 10 月

目　　录

第1章 绪 论

1.1 复杂计算域网格生成技术

网格生成问题绝不仅仅是计算数学、计算力学领域所关心的课题，只要工程与科学计算中物理现象的模拟可归结为偏微分方程的求解，那么网格生成就是各领域学者所关心的问题。现有的偏微分方程数值解法主要包括有限差分法、有限单元法、有限体积法及边界元法等，这些方法在求解前都需要将计算域离散成简单单元的组合，网格生成作为数值计算中的重要一环，在理论和实践上都面临巨大的挑战，也成为制约提高分析效率的主要瓶颈之一。

总体来说，数值模拟中采用的网格可以分为结构化网格和非结构化网格两大类：

(1)结构化网格系统。对于复杂程度一般的计算域边界，采用结构化网格完全能够满足精度要求，这种网格的结构是固定的，节点的结构是有限制的，但是在模拟具有复杂计算域边界的流体流动问题时，用简单的结构化网格已经不能满足要求，其原因之一是在边界处近似程度差，二是流场中各处变量的梯度不同，用结构化网格计算结果在各处的分辨率不一致。结构化网格的生成方法常采用的有代数方程法、椭圆微分方程法和双曲微分方程法等。

(2)非结构化网格系统。非结构化网格技术于20世纪80年代末90年代初得到迅速发展，其舍去了结构化网格对网格节点的结构性限制，节点和单元的分布是任意的，能够较好地处理复杂边界。非结构网格是按照一定准则进行优化判定，很容易控制网格的大小和节点的疏密度，易于局部加密。由于非结构网格的这些优点，近年来受到很大的重视，但是其主要缺点是所需计算内存较大，计算效率较低。非结构化网格的生成方法主要有两类：Delaunay方法和前沿推进法。Delaunay方法具有数学基础好，快速有效，且生成的网格质量好等独特的优势，近二十年来引起了来自如计算几何、计算流体力学等数值计算领域的众多研究者的关注并对其不断完善，已成为三角形网格生成的主流方法之一。前沿推进法主要借助于启发式规则的方法，对几何边界的适应能力强，且最终网格质量好。

（3）结构/非结构混合网格系统。其兼顾了两者的优点，对于几何复杂的问题，可以由近边界处的非结构化网格和远离边界的结构化网格构成，具有灵活模拟边界和计算效率高的特点。

1.2 自由表面处理技术

符合流体运动的自由表面条件可以由运动边界条件和动力学条件以数学公式的形式给出，其对流体的流动有着很大的影响，如一些受潮汐波影响的复杂水流流动，自由表面是时刻变化的，导致计算域也不断变化。因此在计算过程中捕捉自由表面，成为水动力学数值模拟的一个关键的难点，主要是因为它往往随时间、空间位置不断变化，给计算网格的剖分和计算带来困难。为了求解带自由表面边界条件的控制方程，自由表面的位置必须确定。

Hodges 和 Street 采用自由表面相适应的网格技术，来模拟带自由表面流动问题，这样自由表面就是计算域的边界，这种网格在每一时刻都要重新调整。Apsley和 Hu 用非物质交换或运动的自由表面边界条件来确定自由表面的位置，每一时刻需要重新生成计算网格，但是对大计算域的问题，这也要花费大量的计算时间，此外，Yue 等指出，一旦新时刻的计算网格产生，上一时刻的网格信息必须传递给新时刻的，这样会造成额外的数值耗散。

目前实际工程和研究工作中多采用以下多种方法，来模拟自由表面：

（1）Marker-and-cell（MAC）法。为了避免在每一时间步都重新生成计算域，一些采用固定网格的数值方法被用来模拟自由表面流动问题，但由于固定网格的边界与自由表面不能相适应，不得不增加额外的变量来存储自由表面的位置。Harlow 和 Welch 于 1965 年提出了 MAC 法，采用无质量、动量、能量，只有坐标位置的标记点，来表示流体的特征面，存储量大大减少。标记点总是以当地流速随流体一起运动，在每一时间步，能够通过标记点的运动来重构自由表面的位置。许多学者也在该方法的基础上，提出了很多修改的 MAC 法，如 Chan 和 Street 在 1970 年提出了 SUMMAC 法，Chen et al. 在 1991 年提出了 SM 法，并在 1997 年又提出了 SMMC 法。MAC 法适用于求解黏性不可压缩流体运动，但该方法的缺点是收敛性较差，同时需要较多的存储空间和计算时间来跟踪标记点的运动，明显降低计算效率，且对不规则边界的适应性较差。

（2）Volume-of-fluid（VOF）方法，由 Hirt 和 Nichols 在 1981 年提出。即在整个流场定义一个流体的体积与网格体积的比值的函数，在任意时刻，求解这个函数在每一个网格上的值,就可以通过某种途径构造自由表面。为了很好地求解 VOF 方程,出现了许多构造性的方法。由已知的 VOF 函数构造出运动界面的近似,然后由流体的输运特性,构造下一时刻的 VOF 函数值。比较著名的 VOF 界面重构方法有 Hirt 和 Nichols 的直线近似方法、Youngs 的单个网格内的斜直线近似方法和 Kim 等人提出的二次曲线近似方法。方法简便易行,稳定性好,相对 MAC 法而言,既具有 MAC 法的优点,又节省了机时和存储空间。但总体上来讲,VOF 方法还是要花费较多的计算时间,因为 VOF 方法不但要计算每个网格内的流体体积函数,而且还要通过重构的方法获得自由表面。

(3) Level Set 函数方法,是由 Osher 和 Sethian 在 1988 年提出采用一个光滑函数来存储计算区域的每一个计算点到流体界面的有符号的距离,所以 Level Set 函数又可称为距离函数,通过求解距离函数确定流体界面,这个函数的零等值线就是流体界面。Zhang 等在 1998 和 Yue 等在 2003 年成功地运用此方法模拟了带复杂自由表面的流动问题。

(4)刚盖假定法。刚盖假定就是假定自由水面上存在一个不变形的刚性盖,自由水面的位置不再随时间发生变化,从而使网格剖分和计算得以进行。采用刚盖假定最大的优点就是将自由表面处的两种运动介质隔离开来,只对感兴趣的物质和流场进行研究,对不感兴趣的自由表面以外的物质和流场排除在计算区域之外,从而简化了计算。对于比较规则的自由表面流动问题,在数值模拟时通常采用刚盖假定。

(5) σ 坐标变换法,是近年来在三维水流计算中被广泛采用的方法。其基本原理是,通过垂向的坐标变换,将水面至河床(海床)床面的坐标 z 变换为 σ,使其值在整个计算域均匀地处于 0 和 -1 之间,计算域在垂向可以分为相同的层数,给数值离散带来了方便,适用于自由表面变化不太剧烈且没有重叠的单值自由表面的流动问题。

(6) Partical in cell(PIC)法,是在 Euler 网格上布置标记有质量、动量、能量的流体质点,先在 Euler 网格上进行无输运的计算,再利用面积加权平均估计出流体质点的速度,然后对流体质点作 Lagrangian 型移动,从而达到对自由面的追踪。缺点是需要存储每个质点的物理量,存储量很大。

(7) Arbitrary Lagrangian-Eulerian(ALE)方法,直接在运动的计算域内求解积分型控制方程,分较少的层,就能够模拟出计算域内的流体运动。其主要缺陷在于不能模拟间断型的自由表面。

(8)水位函数法,沿水深积分连续方程,并利用自由表面的运动学边界条件和不可穿透底面边界条件,由莱布尼茨公式可得到的沿水深积分的连续方程,称为水位演化方程,求解该方程即可得到自由表面的位置。采用一种简单的方法计算自由表面位置:

$$\eta = f(X,t) \tag{1.1}$$

其中,$f(X,t)$是关于时间 t 和水平位置 X 的自由表面位置函数。自由表面位置和固定水平线的距离称为水位 η。沿河床到自由表面积分连续性方程有:

$$\int_{-h}^{\eta} \frac{\partial u}{\partial x}\mathrm{d}z + \int_{-h}^{\eta} \frac{\partial v}{\partial x}\mathrm{d}z + \int_{-h}^{\eta} \frac{\partial w}{\partial x}\mathrm{d}z = 0 \tag{1.2}$$

式(1.2)由 Leibniz 和微积分定理可得:

$$\frac{\partial}{\partial x}\left(\int_{-h}^{\eta} u\mathrm{d}z\right) + u_b \frac{\partial}{\partial x}(-h) - u_s \frac{\partial \eta}{\partial x} + \frac{\partial}{\partial x}\left(\int_{-h}^{\eta} v\mathrm{d}z\right) + u_b \frac{\partial}{\partial y}(-h) - u_s \frac{\partial \eta}{\partial y} + w_s - w_b = 0 \tag{1.3}$$

在底面有

$$w_b + u_b \frac{\partial(h)}{\partial x} + v_b \frac{\partial(h)}{\partial y} = 0 \tag{1.4}$$

在自由表面有

$$\frac{\partial \eta}{\partial t} + u_s \frac{\partial \eta}{\partial x} + v_s \frac{\partial \eta}{\partial y} - w_s = 0 \tag{1.5}$$

将式(1.4)代入式(1.3)得:

$$\frac{\partial}{\partial x}\left(\int_{-h}^{\eta} u\mathrm{d}z\right) + \frac{\partial}{\partial y}\left(\int_{-h}^{\eta} v\mathrm{d}z\right) - \left(u_s \frac{\partial \eta}{\partial x} + v_s \frac{\partial \eta}{\partial y} - w_s\right) = 0 \tag{1.6}$$

把自由表面运动边界条件式(1.5),代入式(1.6)可得水位演化方程

$$\frac{\partial \eta}{\partial t} + \frac{\partial}{\partial x}\int_{-h}^{\eta} u\mathrm{d}z + \frac{\partial}{\partial y}\int_{-h}^{\eta} v\mathrm{d}z = 0 \tag{1.7}$$

式(1.7)给出了自由表面边界条件的守恒形式,它同时说明了水流在河床是不可穿透的,它经常应用于河床是固定的水流流动问题。水位函数法提供了一种相对快速高效的方法求解自由表面。其缺点是自由表面梯度$\partial\eta/\partial x$ 和$\partial\eta/\partial y$ 必须大于网格形状率 $\Delta x/\Delta z$。即当满足$\frac{\partial \eta}{\partial x} < \frac{\Delta z}{\Delta x}$和$\frac{\partial \eta}{\partial y} < \frac{\Delta z}{\Delta y}$时,才能得到有物理意义的解,此外,此方法在求解多值自由表面问题(如波浪破碎)时失效。因此这种方法适用于自由表面变化不太剧烈且没有重叠的单值二、三维自由表面的流动问题。目前,采用水位函数法计算自由表面的三维非静压自由表面数学模型得到了广阔的发展。

为了捕捉水波流动的自由表面,MAC 法、VOF 法和 Level Set 函数方法已成功的结合 N-S 方程求解复杂的具有自由表面的三维水流问题,如波浪破碎、翻滚和合并等现象。然而需要付出较大的计算代价和极其严格的稳定性要求,限制了其在实际问题中的应用。对于自由表面是水平位置的单值函数问题,采用水位函数法求解带有自由表面运动边界条件的非静压模型用很小的计算代价就能有效地捕捉自由表面的运动。

1.3 二维浅水数学模型

二维浅水方程是通过对 Navier-Stokes 方程沿水深方向积分平均并基于一定的假设条件而得到的,由于计算量小,求解速度快等优点,几十年来,求解二维浅水方程的数学模型,被广泛应用于洪水预报,防洪规划,河道整治等实际水流问题的模拟。近年来,采用非结构化网格有限体积法离散二维浅水方程的模式应用最为普遍,此模式最终会转化为求解控制体界面的数值通量。自从 Godunov1959 年提出以 Riemann 问题的解为基础来构造计算网格均值的 Godunov 格式的思想以来,以精确的 Riemann 解为基础的 Godunov 格式和以近似 Riemann 解为基础的 Roe 格式、HLL 格式、HLLE 格式和 Osher 格式等被广泛地应用于求解界面的数值通量,取得了很好的结果。

但在求解带有复杂地形的问题时,这些计算格式并不能保证底坡源项和重力梯度项的平衡离散,给数值模拟带来了很大的困难。这是由于,目前很多应用于浅水方程激波捕捉的格式,都是从没有考虑源项的双曲型方程的精确 Riemann 解和近似 Reimann 解而获得的,因此在求解有源项存在的问题时,上述方法会产生振荡。从数值上讲,上述问题是由于底坡源项和重力梯度项不平衡的离散引起的。

为了克服这些困难,在过去的 20 年里,诸多国内外学者提出多种解决方法,如迎风方法被用来离散二维浅水方程。针对上述存在的问题,Bermudez 和 Vazquez-Cendon 引入了说明计算格式具有"和谐性"的 C 特性,即在非平底静水条件下,流速为零,水位为常数。为了保证格式具有 C 特性,很多学者提出了不同的方法。Leveque 采用压力项和底坡源项形式相同的离散方法来获得和谐性的计算格式。Garcia-Navarro 针对 Roe 格式,对底坡源项采用特征分解的方式离散,获得了与压力项相同的离散格式,保证了格式的和谐性,此外,王志力也采用特征分解的方法,建立求解具有复杂计算域、地形的二维浅水流动数学模型,艾丛芳采用改进的 HLL 方法,在非结构化网格上建立了二维有限体积数学模型,此外 P. Brufau, Qiuhua Liang, Vicent Caselles 及潘存鸿等也都提出了各自的方法处理。

1.4 三维非静压数学模型

自20世纪80年代以来,在具有自由水面的水流模拟方面,三维水动力学模型获得了越来越多的应用。当水流的垂向运动尺度不显著时,常使用静压假设以简化求解,这类模型常称为静水压力模型,其中较著名的有Blumberg和Mellor开发的ECOM(Estuarine Coastal Ocean Model)和POM(Princeton Ocean Model)模型;Sheng建立了一般曲线坐标下的三维水动力学模型(CH3D);荷兰Delft水力学实验室的Delft 3D模型;金生的FAP模型;韩国其等采用σ坐标系和算子分裂技术建立了三维潮流数学模型;宋志尧等基于模态分裂法和ADI格式建立了三维潮流的计算格式;刘烨等建立了基于河口密度分层效应的三维潮流、盐度数学模型。然而,在河流海洋中由于局部地形起伏、微幅自由表面波动、大密度梯度和短波运动等因素常使得水流的垂向运动与水平运动相比不可忽略,此时静压假设不再适用。为了克服上述的限制,需要求解完整的时均Navier-Stokes方程,当前针对自由水面非静水压力流动问题直接求解三维Navier-Stokes方程的非静压数学模型得到广泛的发展。

三维非静压数学模型是直接求解没有经过任何压力假设的三维流体方程。当前非静压的三维数学模型在垂向空间离散通常采用笛卡尔坐标系统和σ坐标系统。在σ坐标系统下,整个计算域均匀地处于0和-1之间,数值离散与计算可以在一个固定的盒式区域内进行,计算域在垂向可以分为相同的层数,给数值离散带来了方便。如Li和Fleming在垂向采用σ坐标系统,压力项采用显式压力投影法,时间项离散采用预测校正二阶精度的MacCormack法,建立了三维非静压数学模型,此模型具有时间和空间二阶精度。Young采用σ坐标变换方法,对压力梯度项采用高精度的差分离散,建立了垂向二维的非静压自由表面流动的数学模型,其在计算畸形波方面取得了很好的结果。Lin采用σ坐标变换方法建立了求解三维非静压自由表面流动的数学模型,值得一提的是Lin最终求解的压力方程为一对称正定矩阵,计算速度比较可观。

然而,在求解地形梯度变化很大的流动问题时,基于σ坐标系统的数学模型对压力梯度项的计算会带来很大的误差,而且会引入数值耗散。相比较而言,基于笛卡尔坐标系统的数学模型就避免了上述问题。如Casulli采用表层静压假设,对压力项采用双预测校正的半隐式方法,第一步不考虑隐式的非静压项影响,离散动量方程得到预测步的流速场,第二步考虑隐式的非静压项影响,来修正预测步的流速场,使其满足连续性方程,建立了表层静压假设的三维非静压数学模型。Stelling和Zijlema提出了在垂向采用 Keller-box 的压力定义方式，在自由表面处，准确的零压力边界条件可以直接施加在自由表面上，垂向分 2 ~4 层就可以取得令人满意的结果。Yuan 和 Wu 采用表层压力积分的方法，建立了三维非静压自由表面流动数学模型，通过插值的方法获得表层单元的非静压边界条件，在垂向也仅分 2 ~5 层就能得到满意的结果。

还有很多学者提出了基于非结构化网格，采用直接有限体积法和有限元法建立三维非静压数学模型，如 Muzaferija 和 Peric，Egelja 等，Mayer 等，Apsley。这些方法和上面所提到的方法主要的区别在于计算网格的不同，这种网格在计算域的水平和垂向方向上都采用 Lagrangian 形式，网格在每一计算步都是随边界变化而重新生成，这种方法在时间和空间上都达到二阶精度，其缺点是在每一计算步都要花费大量的时间来生成新时刻的计算网格。

1.5 紊流数学模型

自然条件下实际工程水流大多数是复杂的紊流流动，其数值计算方法必须涉及紊流数学模型。紊流运动的数值计算是目前计算流体力学中困难最多因而研究也最活跃的领域之一。目前采用的数值计算方法大概可以分为以下几种：

(1)直接模拟(DNS，direct numerical simulation)，就是直接求解完整的非恒定 N-S 方程。直接模拟的优点是误差较小，如果能够成功直接求解，则所得结果的误差仅是一般数值计算所引起的那些误差，并且可以根据需要加以控制。但是对复杂的紊流运动进行直接计算，需要很小的时间和空间步长，其显著缺点对计算机要求太高，在目前的计算机条件下，它只能用于求解低 Reynolds 数和理想边界条件下的流动，且多用来研究紊流的基本理论。

(2)大涡模拟(LES，large eddy simulation)。按照紊流的涡旋学说，紊流的脉动与混合主要是由大尺度的涡造成的。大尺度的涡从主流中获得能量，它们是高度的各向异性的，而且随流动的情形而异。大尺度的涡通过相互作用把能量传递给小尺度的涡。大涡模拟是选用较大的网格尺寸，对超出网格尺寸以上的大尺度紊动进行直接模拟，但不计算小尺度涡，对小于网格尺寸的小涡采用网格内模型来模拟。这种方法可以计算大尺度紊动结构，但由于计算是步进的，所以仍需要较长的计算机时。

(3)Reynolds 时均法。Reynolds 时均法就是将非恒定的 N-S 方程对时间平均，得到一组以时均物理量和脉动量乘积的时均值等为未知量的不封闭方程。然后通过添加另外的方程来描述脉动量乘积的时均值，与时均 N-S 方程一起组成闭合的方程组描述紊流运动。根据其用来描述脉动量乘积时均值方程的特点，Reynolds 时均法又分为 Reynolds 应力法和紊动黏滞系数法，目前后者在国内外研究和应用得较多。

由于时均物理量在空间和时间上的变化远比瞬时量小，所以对于大多数流动问题，一般计算机就可以进行求解。在时间平均过程中会在时均方程组中引入各种不同脉动量的未知相关量，而紊流的任意阶脉动相关量的微分方程组包括更高阶的脉动相关量，所以紊流的脉动相关量无法自行封闭。为了使紊流时均方程封闭，就必须借助于紊流数学模型。目前主要采用的紊流数学模型有零方程、单方程、双方程和多方程模型（雷诺应力模型和代数应力模型）等。

第 2 章　二维浅水数学模型研究

二维浅水方程是通过对 Navier-Stokes 方程沿水深方向积分平均并基于一定的假设条件而得到的，由于其具有存储量和计算量小，求解速度快（相对于 Navier-Stokes 方程）等优点，几十年来，诸多的求解二维浅水方程的数学模型被提出。特别是最近几年来，在进行河道、河口等实际的水流二维流场模拟时，由于地形和计算域通常非常复杂，基于非结构化网格有限体积法离散二维浅水方程更是得到迅速的发展。

以近似 Riemann 解为基础的 Godunov 格式在求解强间断、大梯度流动的平底和无摩阻的齐次双曲型方程时得到很好的结果，近年来，人们将 Godunov 格式广泛应用于求解带源项的二维浅水方程，但由于源项的存在，采用 Godunov 格式并不能保证底坡源项和重力梯度项的平衡离散，不能得到和谐稳定的结果，简称格式不具有"和谐性"，这给数值模拟带来了很大的困难。从本质上讲，目前很多应用于浅水方程激波捕捉的格式，都是从没有考虑源项的双曲性方程的精确 Reimann 解和近似 Reimann 解而获得的，因此在有源项存在时，上述方法会产生振荡。从数值角度上讲，上述问题就是由于底坡源项和重力梯度项不平衡的离散引起的。

本章着眼于开发实用的平面二维浅水数学模型。为保证计算格式具有"和谐性"，采用修正界面处水深的方法和把底坡源项分解为两不同部分单独处理的方法来处理底坡源项。为防止高精度计算格式带来的非物理振荡，采用线性重构及多维限制器的方法。为保障计算格式的稳定性，摩阻源项采用全隐式离散。

2.1　二维浅水控制方程

对于平面大范围的自由表面流动，水深尺度远小于平面尺度且无明显的垂直环流、垂向方向流速小时，可以引入静水压力假设，并对 Navier-Stokes 方程沿水深方向进行积分平均简化方程，简化后的方程即为二维浅水方程。其守恒形式为

$$\frac{\partial \boldsymbol{U}}{\partial t} + \nabla E = \boldsymbol{S} \tag{2.1}$$

其中，$\boldsymbol{E}=(\boldsymbol{F},\boldsymbol{G})$，$\boldsymbol{U}=\begin{pmatrix} h \\ hu \\ hv \end{pmatrix}$，$\boldsymbol{F}=\begin{pmatrix} hu \\ hu^2+0.5gh^2 \\ huv \end{pmatrix}$，$\boldsymbol{G}=\begin{pmatrix} hv \\ huv \\ hv^2+0.5gh^2 \end{pmatrix}$

$$\boldsymbol{S} = \boldsymbol{S}_0 + \boldsymbol{S}_f = \begin{pmatrix} 0 \\ ghS_{0x} \\ ghS_{0y} \end{pmatrix} + \begin{pmatrix} 0 \\ ghS_{fx} \\ ghS_{fy} \end{pmatrix} \tag{2.2}$$

式中，h 为水深；u，v 分别为 x，y 方向的流速；g 为重力加速度；z 为底面到参考面的距离（图 2.1）；S_{0x}，S_{0y} 分别为 x，y 方向的底坡源项；S_{fx}，S_{fy} 分别为 x，y 方向的底摩阻源项，分别表示为

$$S_{0x} = \frac{\partial z}{\partial x}, S_{0y} = \frac{\partial z}{\partial y}, S_{fx} = -\frac{n^2 u\sqrt{u^2+v^2}}{h^{4/3}}, S_{fy} = -\frac{n^2 v\sqrt{u^2+v^2}}{h^{4/3}} \tag{2.3}$$

式中，n 为糙率。

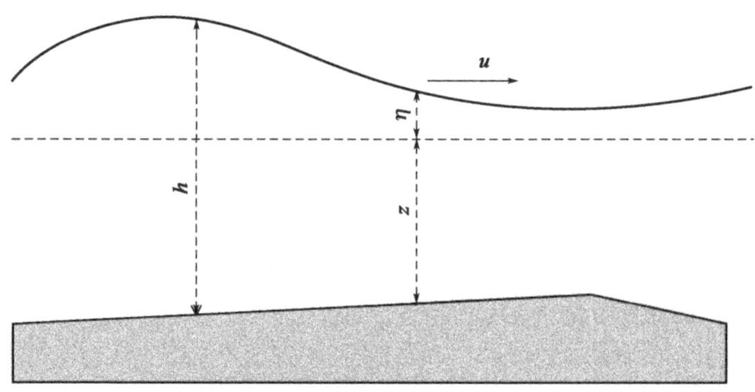

图 2.1　复杂地形上非恒定流示意图

2.2　控制方程的离散及求解

有限体积法（FVM）是在物理空间选定的控制体上积分守恒形式的控制方程直接离散的一类数值方法。控制体的选取较为灵活，主要有两种方法，一是格子中心式（CC），这种格式变量定义在控制体的形心处，控制体取为三角形单元；二是格子顶点式（VC），这种格式变量定义在三角形的顶点上，以三角形某个顶点为中心，由交汇于该顶点的各三角形的形心（有时再加上交汇于该顶点的各边的终点）通过直线段连接

成一个控制体,控制体为一个凸多边形。本文采用 CC 方式的有限体积法,在三角形控制体上积分方程式(2.1)有

$$\frac{\partial}{\partial t}\int_{A_i}\boldsymbol{U}\mathrm{d}\Omega+\int_{A_i}(\nabla\cdot\boldsymbol{E})\mathrm{d}\Omega=\int_{A_i}\boldsymbol{S}\mathrm{d}\Omega \tag{2.4}$$

式中,A_i 为三角形控制体的面积。

应用格林公式把方程(2.4)中的面积积分转化为线积分,可得:

$$\frac{\partial \boldsymbol{U}_i}{\partial t}A_i+\oint_{\Gamma_i}\boldsymbol{E}\cdot\boldsymbol{n}\mathrm{d}s=\int_{A_i}\boldsymbol{S}\mathrm{d}\Omega \tag{2.5}$$

式中,Γ_i 为第 i 个控制体的边界;$\boldsymbol{n}$ 为边界的单位外法方向向量。

对式(2.5)离散有

$$\frac{\mathrm{d}\boldsymbol{U}_i}{\mathrm{d}t}=-\frac{1}{A_i}\sum_{j=1}^{3}\boldsymbol{E}^*\cdot\boldsymbol{n}_{ij}\Delta\Gamma_{ij}+\boldsymbol{S}_i \tag{2.6}$$

式中,i 表示第 i 个单元;ij 表示第 i 单元的第 j 条边;$\boldsymbol{n}_{ij}$为第 j 条边的单位外法方向向量;$\Delta\Gamma_{ij}$为第 j 条边的边长;$\boldsymbol{U}_i$、$\boldsymbol{S}_i$ 为定义在单元中心的变量均值;$\boldsymbol{E}^*$ 为控制体界面数值通量。

2.2.1　通量计算

二维浅水方程有一个重要的性质,即旋转不变性。利用这一性质将界面通量的计算转换为求解一维 Riemann 问题,即

$$\begin{aligned}\boldsymbol{E}\cdot\boldsymbol{n}&=\boldsymbol{F}n_x+\boldsymbol{G}n_y=\boldsymbol{F}\frac{\Delta y}{\Delta s}-\boldsymbol{G}\frac{\Delta x}{\Delta s}\\&=\boldsymbol{F}\cos(\varphi)+\boldsymbol{G}\sin(\varphi)=\boldsymbol{T}^{-1}\boldsymbol{E}(\boldsymbol{T}\boldsymbol{U})=\boldsymbol{T}^{-1}\boldsymbol{E}(\boldsymbol{U}_n)\end{aligned} \tag{2.7}$$

式中,

$$\boldsymbol{T}=\begin{bmatrix}1&0&0\\0&n_x&n_y\\0&-n_y&n_x\end{bmatrix},\boldsymbol{T}^{-1}=\boldsymbol{T}^{\mathrm{T}} \tag{2.8}$$

假设$(\bar{x},\bar{y})$是一个局部坐标系统,中心为边的中点,$\bar{x}$ 为边的外法向方向,$\bar{y}$ 为边的切向方向,即$(\bar{x},\bar{y})$为正交的坐标系。在局部坐标系中的 $\bar{x}$ 方向速度 $\bar{u}$,$\bar{y}$ 方向速度 $\bar{v}$ 分别为

$$\bar{u} = u_n = un_x + vn_y, \bar{v} = u_t = -un_y + vn_x \tag{2.9}$$

在局部坐标系下，二维齐次浅水方程变为一维问题，即为

$$\frac{\partial \bar{\boldsymbol{U}}}{\partial t} + \frac{\partial \boldsymbol{E}(\bar{\boldsymbol{U}})}{\partial \bar{x}} = 0 \tag{2.10}$$

式中，$(\bar{\bullet})$为局部坐标系中的变量。

因而，在控制体的每个边上就存在一个间断的 Riemann 问题，即为

$$\bar{\boldsymbol{U}}(\bar{x},0) = \begin{cases} \bar{\boldsymbol{U}}_L & \bar{x} < 0 \\ \bar{\boldsymbol{U}}_R & \bar{x} \geqslant 0 \end{cases} \tag{2.11}$$

求解上述一维 Riemann 问题的方法有很多，如精确 Riemann 解，Roe、HLL、HLLE、Osher 格式等近似 Riemann 解。本文采用 Roe 格式计算界面的数值通量，界面的数值通量为

$$\boldsymbol{E}^* = (\boldsymbol{F},\boldsymbol{G})^* \cdot \boldsymbol{n} = 0.5[(\boldsymbol{F},\boldsymbol{G})_R \cdot \boldsymbol{n} + (\boldsymbol{F},\boldsymbol{G})_L \cdot \boldsymbol{n} - |\tilde{\boldsymbol{J}}_{RL}|(\boldsymbol{U}_R - \boldsymbol{U}_L)] \tag{2.12}$$

式中，$\tilde{\boldsymbol{J}}_{RL}$为 Roe 平均的 Jacobian 矩阵，并满足 $\Delta\boldsymbol{E} = \tilde{\boldsymbol{J}}\Delta\boldsymbol{U}$，有

$$\tilde{J} = \frac{\partial \boldsymbol{E}(\bar{\boldsymbol{U}})}{\partial \bar{\boldsymbol{U}}} = \frac{\partial \boldsymbol{E}_n(\boldsymbol{U})}{\partial \boldsymbol{U}} = \begin{pmatrix} 0 & n_x & n_y \\ (\tilde{c}^2 - \tilde{u}^2)n_x - \tilde{u}\tilde{v}n_y & \tilde{v}n_y + 2\tilde{u}n_x & \tilde{u}n_y \\ (\tilde{c}^2 - \tilde{v}^2)n_y - \tilde{u}\tilde{v}n_x & \tilde{v}n_x & \tilde{u}n_x + 2\tilde{v}n_y \end{pmatrix} \tag{2.13}$$

式中，

$$\tilde{u} = \frac{\sqrt{h_R}u_R + \sqrt{h_L}u_L}{\sqrt{h_R} + \sqrt{h_L}}, \tilde{v} = \frac{\sqrt{h_R}v_R + \sqrt{h_L}v_L}{\sqrt{h_R} + \sqrt{h_L}}, \tilde{c} = \sqrt{g(h_R + h_L)/2} \tag{2.14}$$

对干底问题，$\tilde{c}$ 仍采用式(2.14)计算，平均速度采用下式计算

$$\tilde{u} = \frac{u_R + u_L}{2}, \tilde{v} = \frac{v_R + v_L}{2} \tag{2.15}$$

求解特征方程$|\tilde{\boldsymbol{J}} - \tilde{\lambda}\boldsymbol{I}| = 0$，得到$\tilde{\boldsymbol{J}}$的三个特征值为

$$\tilde{\lambda}^1 = \tilde{u}n_x + \tilde{v}n_y + \tilde{c}, \tilde{\lambda}^2 = \tilde{u}n_x + \tilde{v}n_y, \tilde{\lambda}^3 = \tilde{u}n_x + \tilde{v}n_y - \tilde{c} \tag{2.16}$$

矩阵$\tilde{\boldsymbol{J}}_{RL}$的相应右特征向量$\boldsymbol{R}=[\tilde{\boldsymbol{e}}^1,\tilde{\boldsymbol{e}}^2,\tilde{\boldsymbol{e}}^3]$为

$$\tilde{\boldsymbol{e}}^1=\begin{pmatrix}1\\ \tilde{u}+\tilde{c}n_x\\ \tilde{v}+\tilde{c}n_y\end{pmatrix},\tilde{\boldsymbol{e}}^2=\begin{pmatrix}0\\ -\tilde{c}n_y\\ \tilde{c}n_x\end{pmatrix},\tilde{\boldsymbol{e}}^3=\begin{pmatrix}1\\ \tilde{u}-\tilde{c}n_x\\ \tilde{v}-\tilde{c}n_y\end{pmatrix}\tag{2.17}$$

定义矩阵

$$\boldsymbol{\Lambda}=\begin{bmatrix}\tilde{\lambda}^1 & 0 & 0\\ 0 & \tilde{\lambda}^2 & 0\\ 0 & 0 & \tilde{\lambda}^3\end{bmatrix}\tag{2.18}$$

根据矩阵理论有

$$\tilde{\boldsymbol{J}}=\boldsymbol{R}\boldsymbol{\Lambda}\boldsymbol{R}^{-1}\tag{2.19}$$

将$\boldsymbol{U}_R-\boldsymbol{U}_L$沿右特征向量方向进行特征分解为

$$\Delta\boldsymbol{U}=\boldsymbol{U}_R-\boldsymbol{U}_L=\sum_{m=1}^{3}\tilde{\boldsymbol{\alpha}}^m\tilde{\boldsymbol{e}}^m\tag{2.20}$$

式中，$\tilde{\boldsymbol{\alpha}}=[\tilde{\alpha}^1,\tilde{\alpha}^2,\tilde{\alpha}^3]^{\mathrm{T}}$

$$\tilde{\alpha}^1=\frac{h_R-h_L}{2}+\frac{1}{2\tilde{c}}[((hu)_R-(hu)_L)n_x+((hv)_R-(hv)_L)n_y-(\tilde{u}n_x+\tilde{v}n_y)(h_R-h_L)]\tag{2.21}$$

$$\tilde{\alpha}^2=\frac{1}{\tilde{c}}[((hv)_R-(hv)_L-\tilde{v}(h_R-h_L))n_x-((hu)_R-(hu)_L-\tilde{u}(h_R-h_L))n_y]\tag{2.22}$$

$$\tilde{\alpha}^3=\frac{h_R-h_L}{2}-\frac{1}{2\tilde{c}}[((hu)_R-(hu)_L)n_x+((hv)_R-(hv)_L)n_y-(\tilde{u}n_x+\tilde{v}n_y)(h_R-h_L)]\tag{2.23}$$

将式(2.19)、式(2.20)代入式(2.12)得

$$\boldsymbol{E}^*=(\boldsymbol{F},\boldsymbol{G})^*\cdot\boldsymbol{n}=0.5[(\boldsymbol{F},\boldsymbol{G})_R\cdot\boldsymbol{n}+(\boldsymbol{F},\boldsymbol{G})_L\cdot\boldsymbol{n}-\sum_{k=0}^{3}\tilde{\boldsymbol{\alpha}}^k|\tilde{\boldsymbol{\lambda}}^k|\tilde{\boldsymbol{e}}^k]\tag{2.24}$$

2.2.2 偏导数的计算

利用散度理论来计算三角形单元 i 上标量的偏导数值(图 2.2):

$$\left(\frac{\partial c}{\partial x}\right)_i = \frac{1}{A_i}\int_{A_i} \frac{\partial c}{\partial x}\mathrm{d}\Omega \approx \frac{c_1\Delta y_1 + c_2\Delta y_2 + c_3\Delta y_3}{A_i} \tag{2.25}$$

$$\left(\frac{\partial c}{\partial y}\right)_i = \frac{1}{A_i}\int_{A_i} \frac{\partial c}{\partial y}\mathrm{d}\Omega \approx \frac{c_1\Delta x_1 + c_2\Delta x_2 + c_3\Delta x_3}{A_i} \tag{2.26}$$

式中,

$$\Delta y_1 = y_3 - y_2, \Delta x_1 = x_3 - x_2, c_1 = (c_1^L + c_1^R)/2 \tag{2.27}$$

$$\Delta y_2 = y_1 - y_3, \Delta x_2 = x_1 - x_3, c_2 = (c_2^L + c_2^R)/2 \tag{2.28}$$

$$\Delta y_3 = y_2 - y_1, \Delta x_3 = x_2 - x_1, c_3 = (c_3^L + c_3^R)/2 \tag{2.29}$$

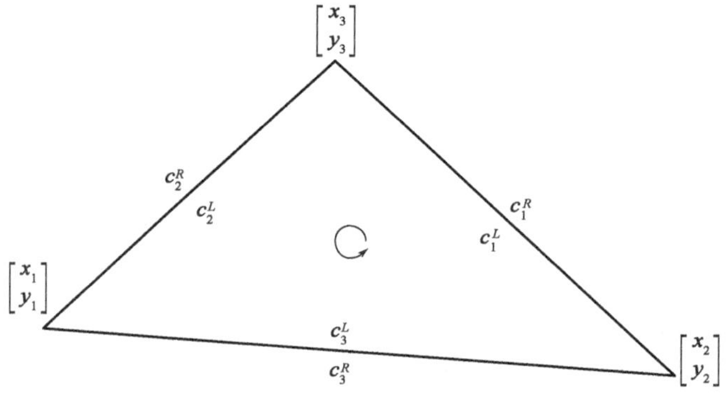

图 2.2 控制体 i 边界 $j(j=1,2,3)$ 左右两端标量值 c_j^R 和 c_j^L 的示意图

2.2.3 底坡源项的处理

在求解守恒型非平底浅水流动方程时,由于重力项($0.5gh^2$)和底坡源项的离散往往不能保证平衡,所以在数值计算中不能保证说明计算格式和谐的 C 特性。为了克服此问题,本书采用修正界面处水深的方法和把底坡源项分解为两不同部分单独处理的方法,来保证底坡源项和重力项的离散具有和谐性。本书采用水面梯度法以水位 η 代替水深 h 重构,然后由重构后的水位 η 计算出水深。假如 η_L 为边左侧的水位值,则边左侧的水深由式(2.30)计算

$$h_L = \eta_L + z_e \tag{2.30}$$

式中,z_e 为界面中点处底面与参考面的距离。

显然，采用水位梯度法，在静水条件下，有 $\eta_L = \eta_R = \eta_0$，这里 η_0 表示常水位，从而在界面处有 $\Delta h = h_R - h_L = 0$，这是本书所引入的方法保持 C 特性的关键。

（一）修正界面处水深的方法

在三角形控制单元 i，底坡源项可以近似为：

$$\left(gh\frac{\partial z}{\partial x}\right)_i = gh_i\frac{z_1\Delta y_1 + z_2\Delta y_2 + z_3\Delta y_3}{A_i} \tag{2.31}$$

式中，$\Delta y_3 = -(\Delta y_1 + \Delta y_2)$，代入式(2.31)有

$$\left(gh\frac{\partial z}{\partial x}\right)_i = \frac{g}{A_i}[\underbrace{h_i\Delta y_1(z_1 - z_3)}_{Part1} + \underbrace{h_i\Delta y_2(z_2 - z_3)}_{Part2}] \tag{2.32}$$

因为底坡源项和重力项的不平衡，上式不能满足 C 特性。为了满足 C 特性，h_i 采用式(2.33)、式(2.34)代替

$$\hat{h}_{1-3} = \frac{h_1^R + h_1^L + h_3^R + h_3^L}{4} \tag{2.33}$$

$$\hat{h}_{2-3} = \frac{h_2^R + h_2^L + h_3^R + h_3^L}{4} \tag{2.34}$$

从而式(2.32)表示为

$$\left(gh\frac{\partial z}{\partial x}\right)_i = \frac{g}{A_i}\left[\frac{h_1^R + h_1^L + h_3^R + h_3^L}{4}\Delta y_1(z_1 - z_3) + \frac{h_2^R + h_2^L + h_3^R + h_3^L}{4}\Delta y_2(z_2 - z_3)\right] \tag{2.35}$$

此方法保持 C 特性的证明：

静水条件有

$$h_1^R = h_1^L = h_1, h_2^R = h_2^L = h_2 \tag{2.36}$$

$$h_3^R = h_3^L = h_3, \eta_1 = \eta_2 = \eta_3 = \eta_0 \tag{2.37}$$

在 x 方向的动量方程中，式(2.4)中的左端第二项变为 $\int_{A_i}[\partial(0.5gh^2)/\partial x]\mathrm{d}A$，根据散度理论，在控制体 i 上动量方程离散有

$$(uh)_i^{n+1}A_i = (uh)_i^n A_i - 0.5g\Delta t(h_1^2\Delta y_1 + h_2^2\Delta y_2 + h_3^2\Delta y_3) +$$

$$g\Delta t\left[\frac{h_1 + h_3}{2}\Delta y_1(z_1 - z_3) + \frac{h_2 + h_3}{2}\Delta y_2(z_2 - z_3)\right]$$

$$= (uh)_i^n A_i - \frac{g\Delta t}{4}[(h_2 + h_1)\cdot(h_2 - z_2 - h_1 + z_1)\Delta y_1 +$$

$$(h_3 - z_3 - h_2 + z_2)\cdot(h_3 + h_2)\Delta y_2]$$

$$= (uh)_i^n A_i - \frac{g\Delta t}{4}[(h_2 + h_1)(\eta_2 - \eta_1)\Delta y_1 + (h_3 + h_2)(\eta_3 - \eta_2)\Delta y_2]$$

$$= (uh)_i^n A_i \tag{2.38}$$

y 方向的动量方程的证明同上，有 $(vh)_i^{n+1}A_i = (vh)_i^n A_i$。所以 C 特性得到满足。上述方法可以推广到任意 $m(m\geqslant 3)$ 边形单元，有

$$\sum_{k=1}^{m}\Delta y_k = 0 \tag{2.39}$$

式(2.31)可以简化为

$$\left(gh\frac{\partial z}{\partial x}\right)_i \approx gh_i\left(\frac{\partial z}{\partial x}\right)_i \approx gh_i\left(\frac{\sum_{k=1}^{m} z_k\Delta y_k}{A_i}\right) \tag{2.40}$$

由于 $\Delta y_m = -\sum_{k=1}^{m-1}\Delta y_k$，上式可以进一步简化为

$$\left(gh\frac{\partial z}{\partial x}\right)_i = \frac{g}{A_i}\left[\sum_{k=1}^{m-1}\hat{h}\Delta y_k(z_k - z_m)\right] \tag{2.41}$$

式中，$\hat{h}_k = \dfrac{h_k^R + h_k^L + h_m^R + h_m^L}{4}$。

（二）底坡源项分解为两个不同部分单独处理的方法

为了保证重力项($0.5gh^2$)和底坡源项的平衡离散，在修正界面处水深的方法中，采用式(2.33)和式(2.34)来近似三角形单元上的水深，但对于有多于三条边的控制体，修正界面处水深的方法不能从本质上做到重力项($0.5gh^2$)和底坡源项的平衡离散。下面就详细的引入一种从本质上重力项($0.5gh^2$)和底坡源项平衡离散的方法。

利用散度理论来计算三角形单元 i 上标量的偏导数值。在三角形控制体单元 i，采

用把底坡源项分解为以下 A_1 和 A_2 两不同部分单独处理，具体如下

$$gh\frac{\partial z}{\partial x}=\underbrace{g\frac{\partial(hz)}{\partial x}}_{A_1}-\underbrace{gz\frac{\partial h}{\partial x}}_{A_2}=0.5g\frac{\partial(hz)}{\partial x}+0.5g\frac{\partial(hz)}{\partial x}-gz\frac{\partial h}{\partial x}$$

$$=\underbrace{0.5g\frac{\partial(hz)}{\partial x}}_{B_1}+\underbrace{0.5gh\frac{\partial z}{\partial x}}_{B_2}-\underbrace{0.5gz\frac{\partial h}{\partial x}}_{B_3} \tag{2.42}$$

其中：

$$B_1=\frac{0.5g}{A_i}\left(\frac{h_1^L+h_1^R}{2}z_1\Delta y_1+\frac{h_2^L+h_2^R}{2}z_2\Delta y_2+\frac{h_3^L+h_3^R}{2}z_3\Delta y_3\right) \tag{2.43}$$

$$B_2=\frac{0.5gh_i}{A_i}(z_1\Delta y_1+z_2\Delta y_2+z_3\Delta y_3) \tag{2.44}$$

$$B_3=\frac{0.5gz_i}{A_i}\left(\frac{h_1^L+h_1^R}{2}\Delta y_1+\frac{h_2^L+h_2^R}{2}\Delta y_2+\frac{h_3^L+h_3^R}{2}\Delta y_3\right) \tag{2.45}$$

此方法保持 C 特性的证明：

静水条件关系见式(2.36)和式(2.37)。

在 x 方向的动量方程中，式(2.4)中的左端第二项变为 $\int_{A_i}[\partial(0.5gh^2)/\partial x]\mathrm{d}A$，根据散度理论，在控制体 i 上动量方程离散有

$$\begin{aligned}(uh)_i^{n+1}A_i&=(uh)_i^nA_i-0.5g\Delta t(h_1^2\Delta y_1+h_2^2\Delta y_2+h_3^2\Delta y_3)+\Delta tA_i(B_1+B_2-B_3)\\&=(uh)_i^nA_i-0.5g\Delta t[h_1\Delta y_1(h_1-z_1)+h_2\Delta y_2(h_2-z_2)+\\&\quad h_3\Delta y_3(h_3-z_3)]+\Delta tA_i(B_2-B_3)\\&=(uh)_i^nA_i-0.5g\Delta t[h_1(h_1-z_1)\Delta y_1+h_2(h_2-z_2)\Delta y_2+\\&\quad h_3(h_3-z_3)\Delta y_3]+\Delta tA_i(B_2-B_3)\\&=(uh)_i^nA_i-0.5g\eta_0\Delta t(h_1\Delta y_1+h_2\Delta y_2+h_3\Delta y_3)+\Delta tA_i(B_2-B_3)\end{aligned} \tag{2.46}$$

$$\begin{aligned}(B_2-B_3)A_i&=0.5gh_i[(h_1-\eta_1)\Delta y_1+(h_2-\eta_2)\Delta y_2+(h_3-\eta_3)\Delta y_3]-\\&\quad 0.5gz_i(h_1\Delta y_1+h_2\Delta y_2+h_3\Delta y_3)\end{aligned}$$

$$=0.5g(h_i - z_i)(h_1\Delta y_1 + h_2\Delta y_2 + h_3\Delta y_3) + 0.5g\eta_0 h_i(\Delta y_1 + \Delta y_2 + \Delta y_3)$$
$$=0.5g\eta_0(h_1\Delta y_1 + h_2\Delta y_2 + h_3\Delta y_3) \tag{2.47}$$

将式(2.47)代入式(2.46),有$(uh)_i^{n+1}A_i = (uh)_i^n A_i$。同理,式(2.4)$y$ 方向的动量方程的证明同上,有$(vh)_i^{n+1}A_i = (vh)_i^n A_i$,所以 C 特性得到满足,证毕。

2.2.4 底摩阻源项的处理

底摩阻源项的处理对计算格式的稳定性有较大的影响,本书采用全隐式离散,增加格式的稳定性。式(2.5)可以分裂为两个常微分方程

$$\frac{\mathrm{d}\boldsymbol{U}_i}{\mathrm{d}t} = \boldsymbol{S}_{f,i} \tag{2.48}$$

$$\frac{\partial \boldsymbol{U}_i}{\partial t}A_i + \oint_{\Gamma_i}(\boldsymbol{E}\cdot\boldsymbol{n})\mathrm{d}s = \int_{A_i}\boldsymbol{S}_{0,i}\mathrm{d}A \tag{2.49}$$

式(2.49)采用显式求解,式(2.48)用隐式求解。式(2.49)可以离散为:

$$\frac{\boldsymbol{U}_i^{n+1} - \boldsymbol{U}_i^n}{\Delta t} = \boldsymbol{S}_{f,i}^{n+1} \tag{2.50}$$

将$\boldsymbol{S}_{f,i}$视为 $\boldsymbol{U}$ 的函数,通过 Taylor 级数展开有

$$\boldsymbol{S}_{f,i}^{n+1} = \boldsymbol{S}_{f,i}^{n} + \left(\frac{\partial \boldsymbol{S}_{f,i}}{\partial \boldsymbol{U}}\right)\Delta\boldsymbol{U}_i + \boldsymbol{O}(\Delta\boldsymbol{U}^2) \tag{2.51}$$

式中,$\Delta\boldsymbol{U}_i = \boldsymbol{U}_i^{n+1} - \boldsymbol{U}_i^n$。

将式(2.51)代入式(2.50)整理有

$$\left(\boldsymbol{I} - \Delta t\frac{\partial \boldsymbol{S}_{f,i}^n}{\partial \boldsymbol{U}}\right)\Delta\boldsymbol{U}_i = \Delta t\,\boldsymbol{S}_{f,i}^n \tag{2.52}$$

式中,$\boldsymbol{I}$ 为单位矩阵。

通过式(2.52)来计算底摩阻源项对 $\boldsymbol{U}$ 的贡献。

2.3 空间高精度格式的构造

根据单元形心处物理量的平均值,构造控制体内数值解的分布,这一过程称为重构。

本节所指的重构是对物理量 $\boldsymbol{U}=(\eta \quad uh \quad vh)^{\mathrm{T}}$ 的重构。假设各个物理量在控制体内为常数分布,格式只具有一阶精度,而对于二阶精度的格式,物理量在控制体内服从线性分布。由于三角形网格的单元布置和顶点布置比较任意(三角形网格中,每个顶点周围的单元数并不固定),所以基于三角形网格的重构不是一件简单的事情。当前采用较多的三角形网格线性重构技术(如 MUSCL 方法)大多是对一维重构技术的扩展,但其对网格的连通性有很强的依赖性,所以当采用高度扭曲的网格很难得到满意的结果。本书采用由 Jawahar 提出的重构技术,此重构技术采用了更为广阔的计算模板,降低了对网格连通性的依赖,此外文献[103]也将此重构技术应用到求解二维浅水方程中去。

假设守恒物理量在控制体内服从如下形式的线性分布

$$\boldsymbol{U}_i^{new} = \boldsymbol{U}_i + \boldsymbol{r}_i \cdot \nabla \boldsymbol{U}'_i \tag{2.53}$$

式中,$\boldsymbol{r}_i$ 表示起点为控制体中心位置的向量;$\nabla \boldsymbol{U}'_i$ 表示受限制的坡度。

采用 Green-Gauss 公式计算未受限制的坡度有

$$\nabla \boldsymbol{U}_i = \frac{1}{A_i}\oint_{\Gamma} \boldsymbol{U} \cdot \boldsymbol{n} \mathrm{d}\Gamma \tag{2.54}$$

式中,A_i 为三角形单元的面积;Γ 为连接控制体顶点的线段积分路径。

本书采用的 CC 方式的有限体积法,物理量定义在单元的中心处,为了计算坡度如图 2.3 中的 $(\nabla \boldsymbol{U})_{1a2}$ 和 $(\nabla \boldsymbol{U})_{1i2}$,还需要知道三角形顶点处的物理量的值,采用如下方式计算。

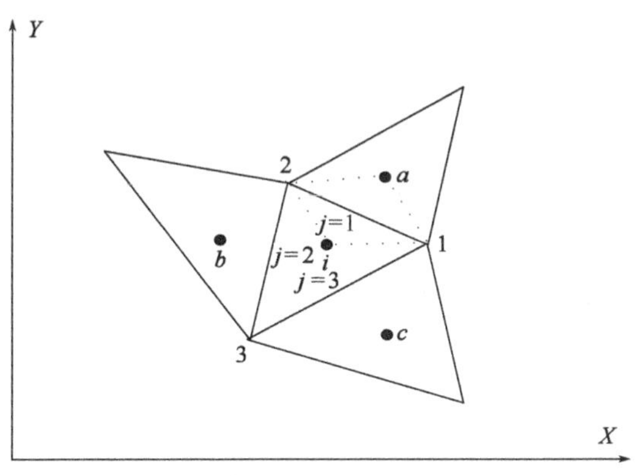

图 2.3　控制体

假如顶点 k 周围有 M 个三角形单元,则

$$\boldsymbol{U}_k = \sum_{i=1}^{M} \frac{\omega_i}{\sum_{i=1}^{M} \omega_i} \boldsymbol{U}_i \tag{2.55}$$

其中，

$$\omega_i = 1 + \lambda_x (x_i - x_k) + \lambda_y (y_i - y_k) \tag{2.56}$$

$$\lambda_x = \frac{I_{xy} R_y - I_{yy} R_x}{I_{xx} I_{yy} - I_{xy}^2}, \lambda_y = \frac{I_{xy} R_x - I_{xx} R_y}{I_{xx} I_{yy} - I_{xy}^2} \tag{2.57}$$

$$R_x = \sum_{i=1}^{M} (x_i - x_k)^2, R_y = \sum_{i=1}^{M} (y_i - y_k)^2 \tag{2.58}$$

$$I_{xx} = \sum_{i=1}^{M} (x_i - x_k)^2, I_{yy} = \sum_{i=1}^{M} (y_i - y_k)^2, I_{xy} = \sum_{i=1}^{M} (x_i - x_k)(y_i - y_k) \tag{2.59}$$

在得到$(\nabla \boldsymbol{U})_{1a2}$和$(\nabla \boldsymbol{U})_{1i2}$之后，在边$j=1$的坡度$(\nabla \boldsymbol{U})_{j=1}$采用面积加权平均的方式计算

$$(\nabla \boldsymbol{U})_{j=1} = \frac{A_{1a2} (\nabla \boldsymbol{U})_{1a2} + A_{1i2} (\nabla \boldsymbol{U})_{1i2}}{A_{1a2} + A_{1i2}} \tag{2.60}$$

$(\nabla \boldsymbol{U})_{j=2}$和$(\nabla \boldsymbol{U})_{j=3}$采用相同的方式计算。

单元i的坡度采用$(\nabla \boldsymbol{U})_{j=1}$、$(\nabla \boldsymbol{U})_{j=2}$和$(\nabla \boldsymbol{U})_{j=3}$面积加权平均的方式计算

$$\nabla \boldsymbol{U}_i = \frac{A_{i1a2} (\nabla \boldsymbol{U})_{j=1} + A_{i2b3} (\nabla \boldsymbol{U})_{j=2} + A_{i3c1} (\nabla \boldsymbol{U})_{j=3}}{A_{i1a2} + A_{i2b3} + A_{i3c1}} \tag{2.61}$$

采用上面的方法使得计算格式具有空间二阶精度，但是在间断处会出现非物理振荡，因而必须对重构变量的坡度进行限制。本书采用连续可微的多维限制函数对单元坡度进行限制。

受限制的坡度$\nabla \boldsymbol{U}_i'$采用如下方式计算

$$\nabla \boldsymbol{U}_i' = \omega_a \nabla \boldsymbol{U}_a + \omega_b \nabla \boldsymbol{U}_b + \omega_c \nabla \boldsymbol{U}_c \tag{2.62}$$

式中，ω_a、ω_b和ω_c表示单元i周围的单元的多维限制函数；$\nabla \boldsymbol{U}_a$、$\nabla \boldsymbol{U}_b$和$\nabla \boldsymbol{U}_c$表示未受限制的单元坡度，采用如下方式计算：

$$\omega_a = \frac{g_b g_c + \varepsilon^2}{g_a^2 + g_b^2 + g_c^2 + 3\varepsilon^2} \tag{2.63}$$

$$\omega_b = \frac{g_a g_c + \varepsilon^2}{g_a^2 + g_b^2 + g_c^2 + 3\varepsilon^2} \tag{2.64}$$

$$\omega_c = \frac{g_a g_b + \varepsilon^2}{g_a^2 + g_b^2 + g_c^2 + 3\varepsilon^2} \tag{2.65}$$

其中,$g_a = \| \nabla \boldsymbol{U}_a \|_2^2, g_b = \| \nabla \boldsymbol{U}_b \|_2^2, g_c = \| \nabla \boldsymbol{U}_c \|_2^2$;$\varepsilon$ 为小量。

2.4 时间高精度格式

时间导数项采用向前差分格式,只具有一阶精度。对式(2.49)采用三阶 Runge-Kutta 方法离散时间导数项,其相对于后 Euler 法,三阶 Runge-Kutta 方法具有更强的稳定性和更高的时间精度。将式(2.49)的右端项记为 $R(\boldsymbol{U})$,式(2.49)可以离散为

$$\boldsymbol{U}^{(1)} = \boldsymbol{U}^n + \Delta t R(\boldsymbol{U}^n) \tag{2.66}$$

$$\boldsymbol{U}^{(2)} = \frac{3}{4}\boldsymbol{U}^n + \frac{1}{4}(\boldsymbol{U}^{(1)}) + \frac{1}{4}\Delta t R(\boldsymbol{U}^{(1)}) \tag{2.67}$$

$$\boldsymbol{U}^{n+1} = \frac{1}{3}\boldsymbol{U}^n + \frac{2}{3}(\boldsymbol{U}^{(2)}) + \frac{2}{3}\Delta t R(\boldsymbol{U}^{(2)}) \tag{2.68}$$

由于 Runge-Kutta 方法为显式离散,时间步长受 CFL 条件限制,最大的时间步长由式(2.69)确定

$$\Delta t \leqslant \min_i \left(\frac{R_i}{2\max_j\left(\sqrt{u^2 + v^2} + c\right)_{ij}} \right) \tag{2.69}$$

式中,i 表示计算域中任意三角形单元;j 表示单元 i 周围的三个单元;R_i 为单元中心到单元顶点的最近的距离;c 为波速。

2.5 干湿边界的处理

在进行非恒定实际浅水计算时,会有干湿边界的存在,为了能准确地模拟这种动边界流动问题,目前处理的方法主要有两大类:一类是采用动网格追踪干湿边界的方法;另一类是基于固定网格捕捉干湿边界的方法。对于前者,网格在每一时间步都要随着动边界的变化重新生成,其相对于第二类方法需要付出更大的计算代价,因而采用较少。基于固定网格捕捉干湿边界的方法有多种,如"窄缝"法和"最小水深"法等。还有一些学者采用有限元的方法求解二维浅水方程,通过允许负水深的存在来模拟动边界流问题。本文采用限制水深的方法处理动边界问题。

通过限制水深把网格分为湿、干和半干三类。

湿网格：在 n 时刻，相邻网格水深 $h > h_{ctol2}$，模型采用 2.3 节方法计算，通常限制水深 h_{ctol2} 取为 0.0005m。

干网格：在 n 时刻，如果所有相邻网格水深都小于 h_{ctol1}，则该网格为干网格。若网格水深 $h < h_{ctol1}$，如果相邻网格的水深也小于 h_{ctol1}，则没有流量和动量通过该公共边。通常限制水深 h_{ctol1} 取为 0.0001m。

半干网格：在 n 时刻，若网格水深 $h_{ctol1} < h < h_{ctol2}$，如果相邻单元的水深也小于 h_{ctol2}，则在相邻界面上只有流量的通量而没有动量的通量。

2.6 边界条件

在河道数值模拟过程中，通常上游给定流量边界条件或单宽流量边界条件，下游给定水位边界条件。如果单元 i 的第 j 条边为边界边。设边界上的水位为 h_{ij}^*，x、y 方向流速为 u_{ij}^*、v_{ij}^*，则边界通量表示为

$$\boldsymbol{F}_n^* = \begin{bmatrix} h^* u^* n_x + h^* v^* n_y \\ h^* u^* u^* n_x + \frac{1}{2} g (h^*)^2 n_x + h^* u^* v^* n_y \\ h^* u^* v^* n_x + h^* v^* v^* n_y + \frac{1}{2} g (h^*)^2 n_y \end{bmatrix} \tag{2.70}$$

由一维浅水方程的特征线理论，沿着正负特征线方向有特征不变量

$$R^- = u + 2c, R^+ = u - 2c \tag{2.71}$$

它们有以下关系

$$\begin{cases} \dfrac{\mathrm{d}}{\mathrm{d}t}(u + 2c) = 0, \dfrac{\mathrm{d}x}{\mathrm{d}t} = u + c \\ \dfrac{\mathrm{d}}{\mathrm{d}t}(u - 2c) = 0, \dfrac{\mathrm{d}x}{\mathrm{d}t} = u - c \end{cases} \tag{2.72}$$

在边界上，如果左面位于计算域之外有

$$u_{Rn} - 2c_R = u_* - 2c_* \tag{2.73}$$

如果右面位于计算域之外有

$$u_{Ln} + 2c_L = u_* + 2c_* \tag{2.74}$$

式中，u_*、c_*为待求的边上的外法向流速和波速，$u_{Ln}(u_{Rn})$、$c_L(c_R)$分别为边界左(右)的法向流速和波速。

$$u_{Rn} = u_R n_x + v_R n_y, u_{Ln} = u_L n_x + v_L n_y \tag{2.75}$$

式中，$u_R(u_L)$、$v_R(v_L)$为边界右(左)的x、y方向流速。空间一阶精度取单元的值，二阶精度取计算域内的插值。

2.6.1　单宽流量边界条件

在上游边界给定单宽流量$\bar{q} = \overline{q(t)} = h_* u_*$，如果边界在计算域的左边有方程(2.73)成立，将边界条件代入得

$$2c_*^3 + (u_R - 2c_R)c_*^2 - g\bar{q} = 0 \tag{2.76}$$

迭代求解方程(2.72)可以获得边上水深$h_* = c_*^2/g$，再根据给定得单宽流量边界条件可以获得外法向流速$u_* = \overline{q(t)}/h^*$。边界切向流速$v_*$可以近似地认为等于边界内的切向流速，即

$$v_* = u_{R\tau} = u_R n_y - v_R n_x \tag{2.77}$$

将局部坐标系下的速度转换为计算域整体坐标系下的速度，有

$$u^* = u_* n_x - v_* n_y, v^* = u_* n_y + v_* n_x \tag{2.78}$$

将式(2.78)和$h^* = h_*$代入式(2.70)就可以求得通过边界的通量。

2.6.2　水位边界条件

在边界上给定水位$\bar{h} = \bar{h}(t) = h_*$。如果边界在计算域的左边，由方程(2.73)求得外法向流速为

$$u^* = u_{Rn} - 2c_R - \sqrt{g\bar{h}} \tag{2.79}$$

根据式(2.77)和式(2.78)可以获得整体坐标系下边界流速，从而可以计算界面通量。

2.6.3　固壁边界条件

在静止的固壁边界上，采用无滑移边界条件，即边界上的法向和切向流速为零。

取 $h^* = h_L$ 或 $h^* = h_R$，因而边界边的通量为

$$\boldsymbol{E}_n^* = \begin{bmatrix} 0 \\ \frac{1}{2}g\,(h^*)^2 n_x \\ \frac{1}{2}g\,(h^*)^2 n_y \end{bmatrix} \tag{2.80}$$

2.6.4 流量边界条件

假设流量 $Q=Q(t)$ 分别从边界单元 $E_1,E_2,\cdots,E_n$ 的 $L_1,L_2,\cdots,L_n$ 边流入，入流的角度为 θ，各个边界单元的水深和 x,y 方向的流速分别为 (h_1,u_1,v_1)，(h_2,u_2,v_2)，…，(h_n,u_n,v_n)。由谢才公式和曼宁公式可知，流速近似与水深的 2/3 次幂成正比，可以近似表示为

$$\frac{u_2^*}{u_1^*} = \left(\frac{h_2^*}{h_1^*}\right),\frac{u_3^*}{u_1^*} = \left(\frac{h_3^*}{h_1^*}\right),\cdots,\frac{u_n^*}{u_1^*} = \left(\frac{h_n^*}{h_1^*}\right) \tag{2.81}$$

认为 $h_1^* = h_1, h_2^* = h_2, \cdots, h_n^* = h_n$，则有

$$Q_x = Q\cos(\theta) = \sum_{k=1}^{n} u_k^* h_k^* L_k \left| n_{ky} \right| \tag{2.82}$$

式中，Q_x 为 Q 在 x 方向的分量；L_k 为第 k 条边的边长；n_{ky} 为第 k 条边的单位外法向量在 y 方向的分量。

将式(2.81)代入式(2.82)整理可得

$$u_1^* = \frac{Q_x\,(h_1^*)^{2/3}}{\sum\limits_{k=1}^{n}(h_k^*)^{5/3} L_k \left| n_{ky} \right|} \tag{2.83}$$

采用同样的方法可以计算出 $u_2^*,\cdots,u_n^*$ 和 $v_1^*,v_2^*,\cdots,v_n^*$。将得到的边界上的流速代入式(2.73)就可以计算出各个边界上的法向数值通量。

2.7 求解步骤

求解流程如图 2.4 所示。

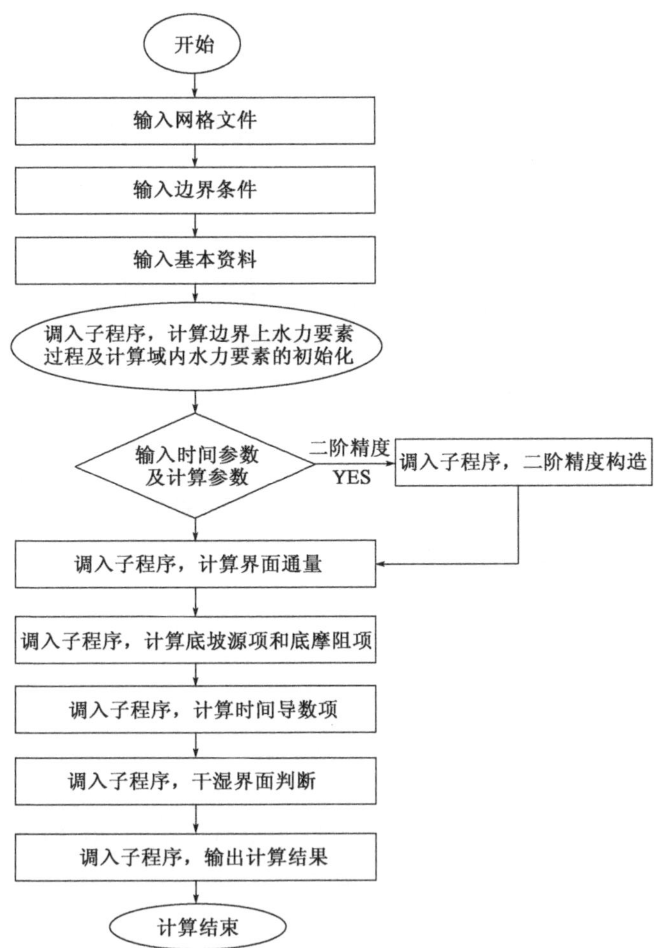

图 2.4　二维浅水流动数学模型计算流程图

第 3 章　二维浅水数学模型的检验与应用

本章首先利用静水问题来检验计算格式的“和谐性”，其次，利用混合流算例和溃坝波在三角形挡水建筑物上的传播算例，来检验数学模型高精度捕捉间断的能力，再次，采用潮汐波在反向非常坡度上的传播和非平底溃坝算例，检验模型中摩阻源项的处理、动边界的处理和模型处理复杂二维浅水流动问题的能力。在此基础上，计算了渤海二维潮流场，计算结果与实测值吻合较好，检验模型模拟实际水流的能力。

3.1　二维模型的检验

3.1.1　静水问题

本算例用来检验计算格式的和谐性。计算域为正方形，$0 \leqslant x \leqslant 1\text{m}$ 和 $0 \leqslant y \leqslant 1\text{m}$。底高程为

$$z_b(x,y) = \max[0.0, 0.25 - 5((x-0.5)^2 + (y-0.5)^2)] \tag{3.1}$$

初始条件为静水，即水位 $H = 0.1\text{m}$，流速 $u = 0\text{ms}^{-1}$ 和 $v = 0\text{ms}^{-1}$。计算域由 3702 个三角形单元覆盖，计算时间为 5s。

图 3.1 中的 a）和 b）给出了水位等值线和速度矢量，c）和 d）给出了水面变化的三维视图，其中图 a）和 c）是本书方法的计算结果，图 b）和 d）是采用 Roe 底坡源项处理方法的计算结果，通过比较能够看出，两种方法结果不一致，这是因为采用 Roe 底坡源项处理方法产生了数值误差，而本书方法在求解非平底的浅水流动问题时，流速为零，水位保持不变，计算结果是和谐的。

3.1.2　混合流算例

计算模型为一长 25m 的矩形渠道，渠底高程为

$$z_b = \begin{cases} 0.2 - 0.05\,(x-10)^2 & 8 < x < 12 \\ 0 & \text{其他} \end{cases} \tag{3.2}$$

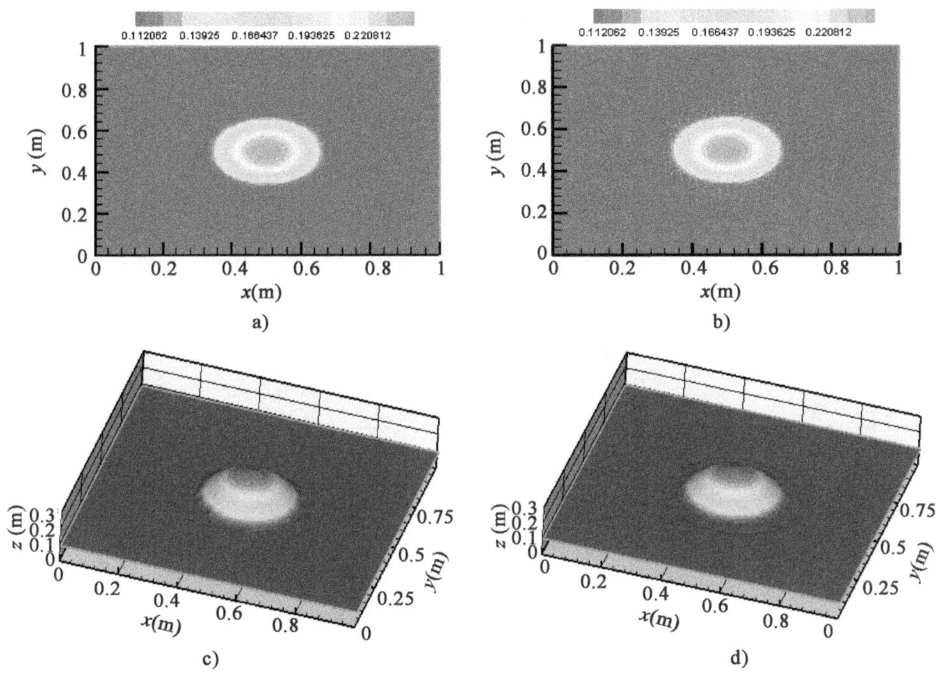

图3.1 封闭水池的水位等值线、流速矢量和水面变化

此模型常用来验证一维浅水方程数值解的和谐性和适应性。文献[17]给出了各种边界条件的理论分析结果。本书采用二维浅水方程计算,用于验证模型在超临界流中捕捉激波的能力。河宽取10m,计算域由12258个三角形单元覆盖。分四种情况进行计算:①静水算例,验证格式的和谐性。水流始终保持静止且水位保持0.5m不变,说明格式是和谐的。②无激波混合流,给定上游单宽流量为 $hu=1.53$,下游自由出流,图3.2a)、b)给出计算水位和单宽流量的计算值与解析解的比较。③有激波的混合流,给定上游单宽流量为 $hu=0.18$,下游给定水深 $h=0.33$,图3.3a)、b)给出计算水位和单宽流量的计算值与解析解的比较。④有激波的亚临界流,给定上游单宽流量为 $hu=4.42$,下游给定水深 $h=2$,图3.4a)、b)给出计算水位和单宽流量的计算值与解析解的比较。图3.5a)、b)、c)分别给出无激波混合流、有激波混合流和有激波亚临界流计算水位的三维视图。通过数值解与解析解的比较,展现了模型很好捕捉间断的能力及把数值振荡控制在可以接受的范围。

3.1.3 溃坝波在三角形挡水建筑物上的传播

物理模型由一个蓄水池和一个矩形渠道构成,河道是长为22.5m,宽为6m的矩形河道,在距起点25.5m处有一个三角形的挡水物,左边有一个长为15.5m,深为

0.75m的水库,溃坝时为瞬时溃坝,水库以下都为干,图3.6给出了河道的侧面图。计算域由4512个三角形单元所覆盖,底面糙率为0.0125。将计算结果和测量结果进行比较,验证了本文的模型能很好地处理存在摩阻源项和动边界的问题,解决实际物理问题的能力。

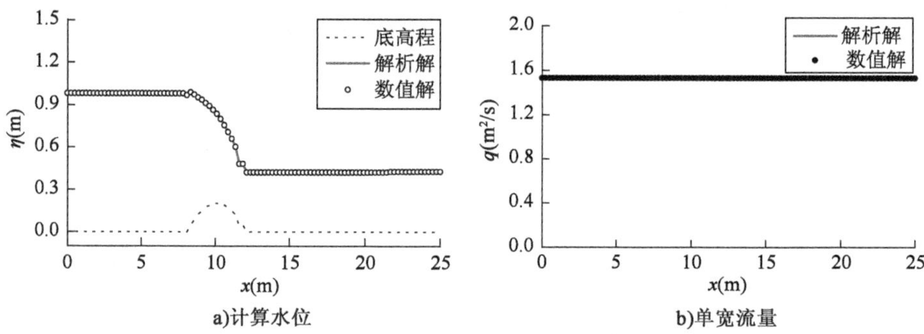

a)计算水位　　b)单宽流量

图3.2　无激波混合流计算值与解析解的比较

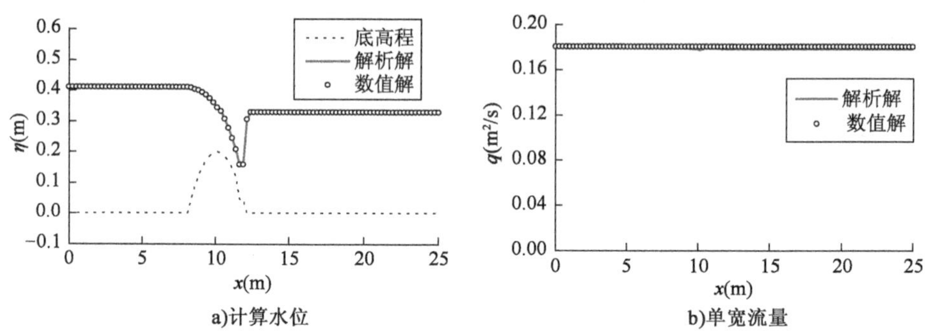

a)计算水位　　b)单宽流量

图3.3　有激波混合流计算值与解析解的比较

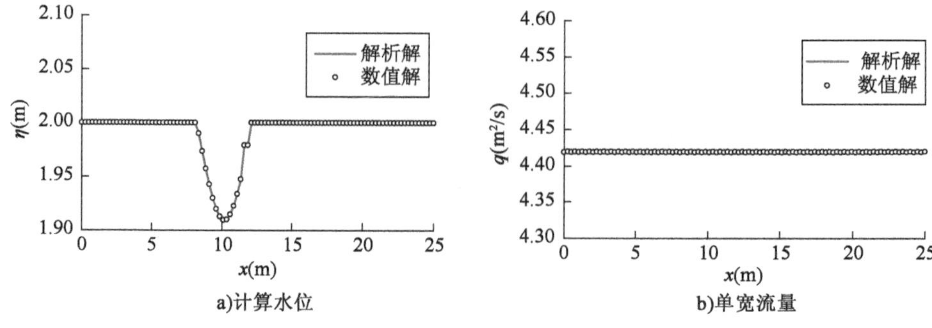

a)计算水位　　b)单宽流量

图3.4　有激波亚临界流计算值与解析解的比较

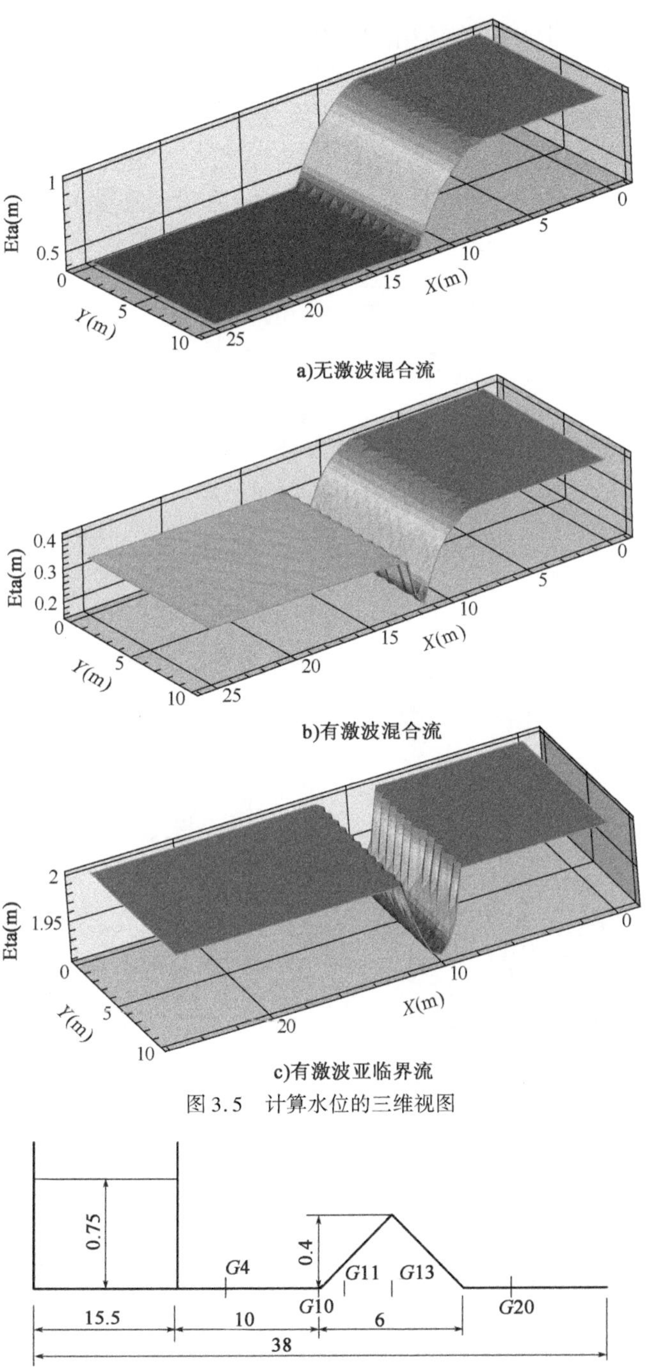

a)无激波混合流

b)有激波混合流

c)有激波亚临界流

图 3.5 计算水位的三维视图

图 3.6 试验模型几何图(尺寸单位:m)

图 3.7 给出了各测点 G_4,G_{10},G_{11},G_{13}和 G_{20}的本文计算水深和测量水深变化过程的比较。从图中可以看出三角形挡水建筑物前的测点计算结果能准确地反映溃坝波的传播,而测点 G_{13}位于挡水物的顶端,因此是关键点,从计算结果和实测结果比较可以看出干湿界面的变化也是正确的,此外,我们从图 3.7 中能看出最后一点 G_{20}处计算值与测量值稍微有点差别,但是通过此处水体的总量为小量可以忽略不计的,文献[17]认为这或许跟浅水方程忽略了垂向非静压运动有关。

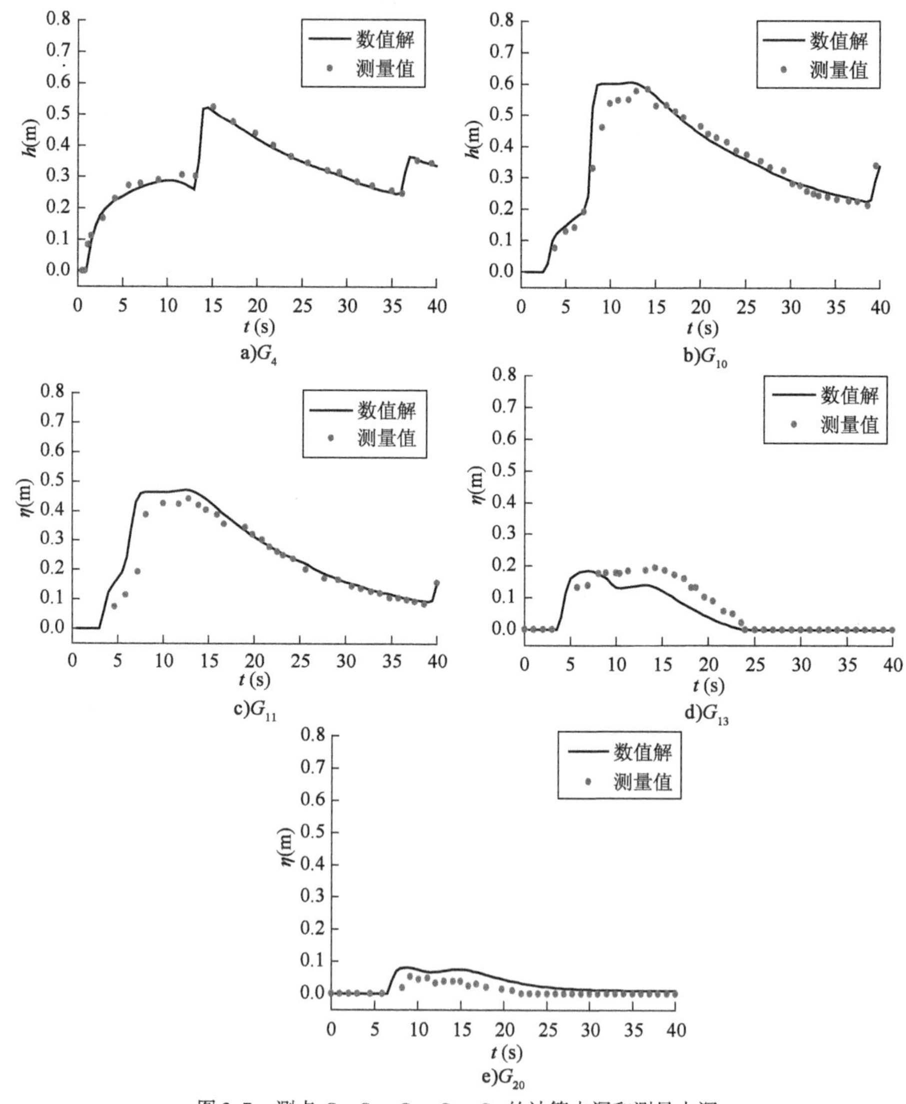

图 3.7 测点 G_4,G_{10},G_{11},G_{13},G_{20}的计算水深和测量水深

3.1.4 潮汐波在反向非常坡度上的传播

计算模型由 Heniche et al. 提出，用来检验由潮汐引起的潮汐波在可变坡度上的传播，P. Brufan 曾对此算例进行过模拟。物理模型为一长 500m，宽为 25m 的矩形渠道，渠底高程为：

$$z_b = \begin{cases} 1.3 + 0.001(100 - x) & 0 \leqslant x < 100 \\ 0.3 + 0.01(200 - x) & 100 \leqslant x < 200 \\ 0.001(500 - x) & 200 \leqslant x \leqslant 500 \end{cases} \tag{3.3}$$

初始条件为：水位 $H = 1.75\text{m}$，流速 $u = 0\text{ms}^{-1}$，$v = 0\text{ms}^{-1}$。在 $x = 500\text{m}$ 处有如下形式的潮汐波入流边界条件：

$$h(500, t) = h_0 + \eta\cos(2\pi \frac{t}{T}) \tag{3.4}$$

式中，$h_0 = 1\text{m}$ 为参考水面；$\eta = 0.75\text{m}$ 为潮汐波的振幅；$T = 3600\text{s}$ 为潮汐波的周期。计算域由 5122 个三角形单元覆盖，糙率取为 $n = 0.03$。

本算例主要用来检验干湿边界处理技术对计算水深的影响。为了这个目的，图 3.8分别为给出 $T = 24\text{min}$ 和 $T = 36\text{min}$ 时的计算水深，其中图 a) 和 c) 是采用干湿边界处理时的计算结果，图 b) 和 d) 为没有采用干湿边界处理时的计算水深。图 3.9 分别给出了采用本文干湿边界处理方法时，在 $T = 0, 12, 24, 36, 48, 54\text{min}$ 时刻由潮汐波在反向非常坡度上的传播引起的干湿界面的变化过程，P. Brufau 等也给出了此算例的计算结果，通过比较能够看出，与本文的方法所得的结果较为一致，此外本文计算结果与 Heniche 采用有限元法模型的结果也较为一致。从而验证了本文所采用的计算格式和动边界处理方法是合理的。

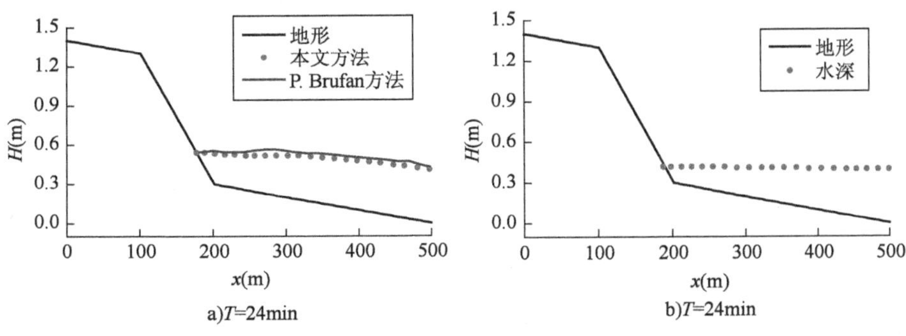

图 3.8

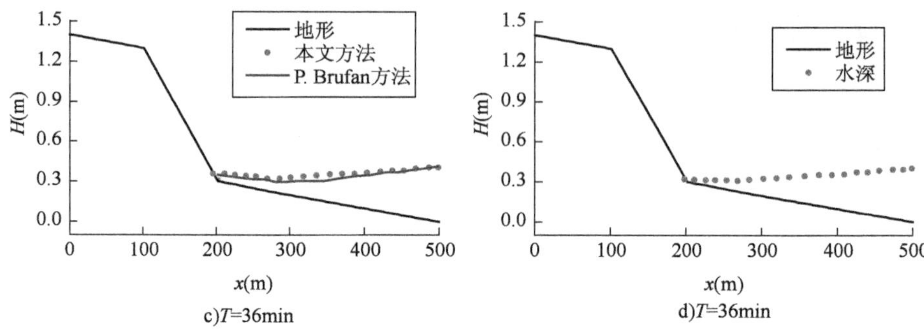

c)T=36min

d)T=36min

图 3.8　在 T = 24、36min 时的水深

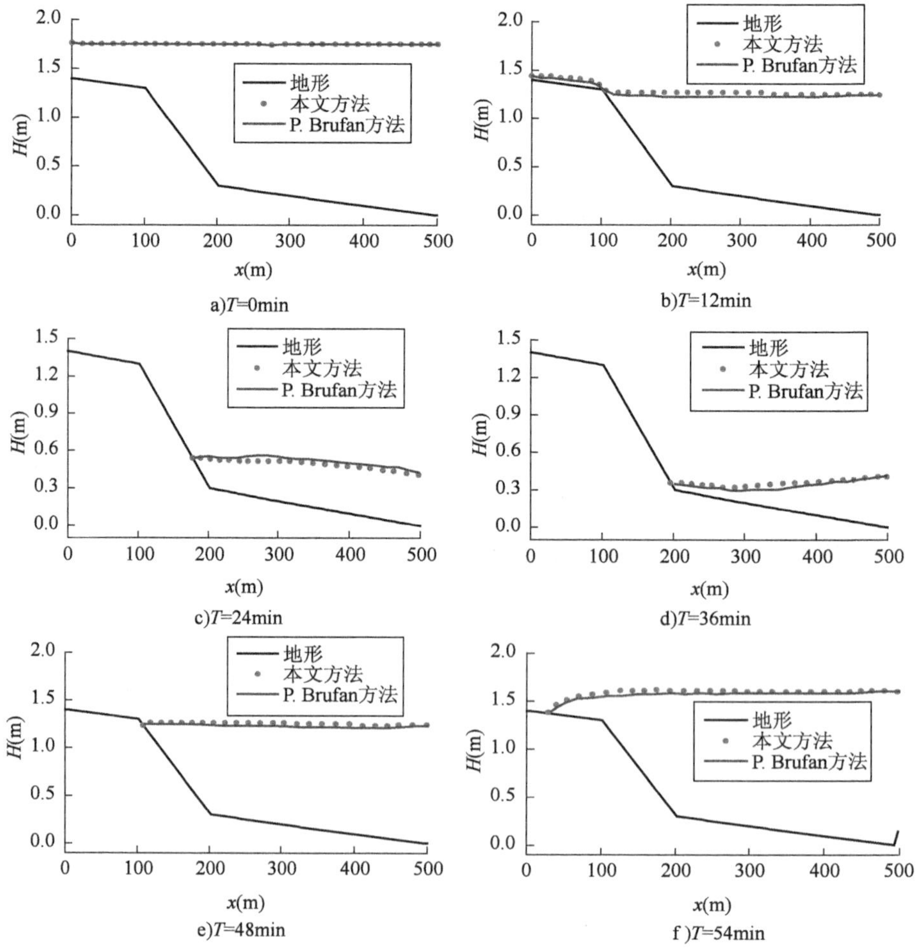

a)T=0min

b)T=12min

c)T=24min

d)T=36min

e)T=48min

f)T=54min

图 3.9　在 T = 0. 12、24、36、48、54min 时的干湿界面的传播图

3.1.5　非平底溃坝

物理模型的计算域为一个长 75m，宽 30m 的矩形渠道，渠道四周均为固边界，渠底有三个突起的圆锥形挡水建筑物，两直径为 13m 高 1m 的挡水建筑物和直径为 20m 高 3m 的挡水建筑物(见图 3.10)。底高程为：

$$z_b(x,y)=\begin{cases}1-\sqrt{(x-30)^2+(y-6)^2}/5 & if\ (x-30)^2+(y-6)^2\leqslant 42.25\\ 1-\sqrt{(x-30)^2+(y-24)^2}/5 & if\ (x-30)^2+(y-24)^2\leqslant 42.25\\ 0.3[10-\sqrt{(x-47.5)^2+(y-15)^2}] & if\ (x-47.5)^2+(y-15)^2\leqslant 100\\ 0 & else\end{cases} \tag{3.5}$$

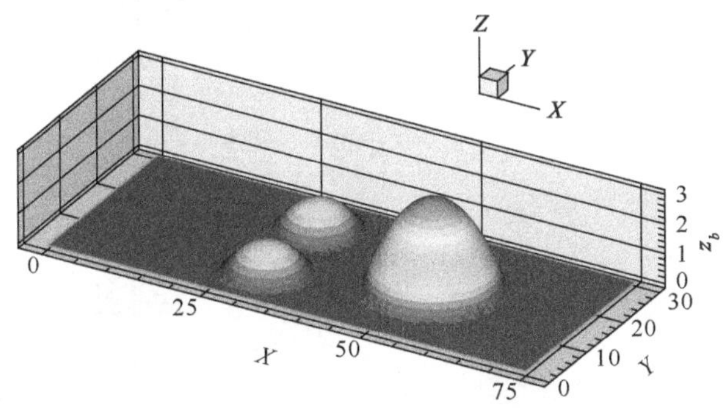

图 3.10　物理模型三维视图

Begnudelli 和 Brufau 等采用类似的算例来检验计算格式对动边界的处理能力和守恒性。取糙率系数为 0.018。计算采用 5462 个三角形单元覆盖计算域，初始条件为静止的水体，水位为：

$$\begin{cases}\eta=h+z_b=1.875 & if\ x\geqslant 16\text{m}\\ \eta=0 & else\end{cases} \tag{3.6}$$

图 3.11 ~ 图 3.13 分别为瞬时溃坝发生后 $T=5$，10 和 15s 时流速和自由水面。从图中可以看出两个小的挡水建筑物很快被水流淹没，之后水从两个小的挡水建筑物间隙中冲向那个大的挡水建筑物。由于是一个封闭的区域，水波来回振荡，由于阻力的作用振荡逐渐减弱，水体在溃坝发生后 $T=400$s 时，基本静止。图 3.14 给出了溃坝发生 400s 后的计算域中水体总质量误差曲线。从图 3.14 中可以看出，本文采用的动边界处理方法对质量守恒有很好的保证。

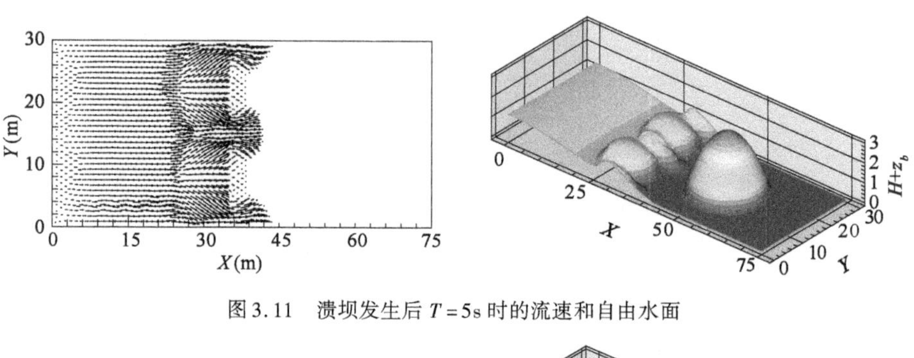

图 3.11　溃坝发生后 $T=5$s 时的流速和自由水面

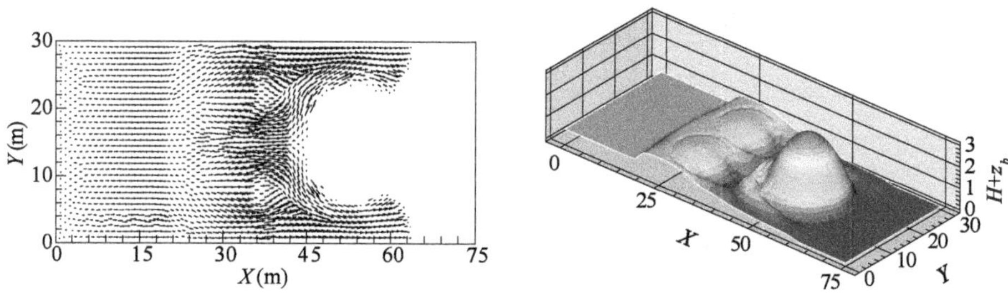

图 3.12　溃坝发生后 $T=10$s 时的流速和自由水面

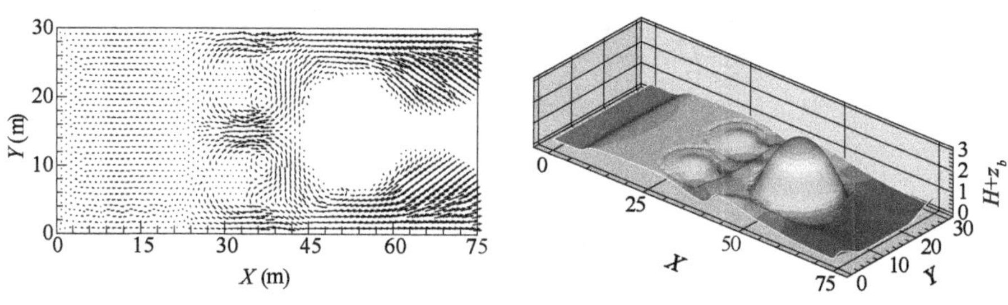

图 3.13　溃坝发生后 $T=15$s 时的流速和自由水面

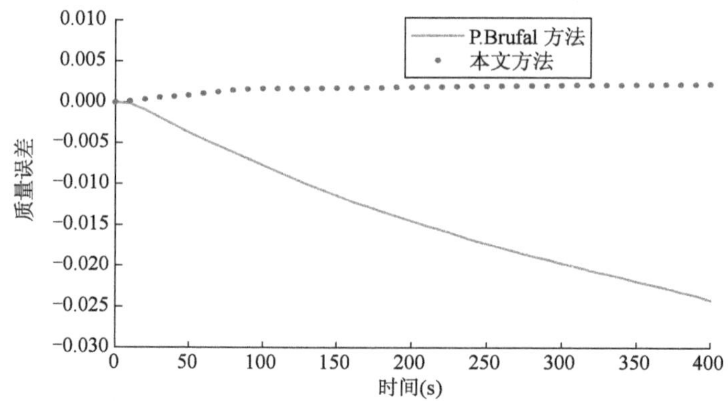

图 3.14　溃败发生后 400s 的水体总质量误差曲线图

3.2　渤海二维潮流场数值模拟

渤海是由黄海围成的半封闭的海区,采用本文建立的数学模型对渤海潮流场和潮位进行模拟。图3.15为位于渤海湾的6个测点位置,从1~6分别为鲅鱼圈、锦州港、京唐港、塘沽、黄骅港和蓬莱。A点为烟台,B点为大连,AB是开边界,通过两水文站的历史潮位过程作为入流边界条件。整个计算域地形较为复杂,该算例对计算格式在复杂地形情况下的水流模拟是个很好的检验。图3.16为计算域的网格剖分,有13221个三角形单元和6973个节点组成,糙率取0.02。时间步长取5s。取从2004年10月27日的14时到2004年10月28日的14时25个潮位资料作为验证资料。图3.17为六个测点潮位的计算值和实测值的比较,模型计算结果与实测值结果吻合得比较好,这说明对于模拟天文潮过程来说,模型具有较高的精度;图3.18~图3.20分别为潮流场在5h、15h和25h流速矢量图;图3.21~图3.23分别为潮流场在5h、15h和25h潮位图。从以上结果可以看出,二维模型能够准确、有效地模拟潮流场运动。

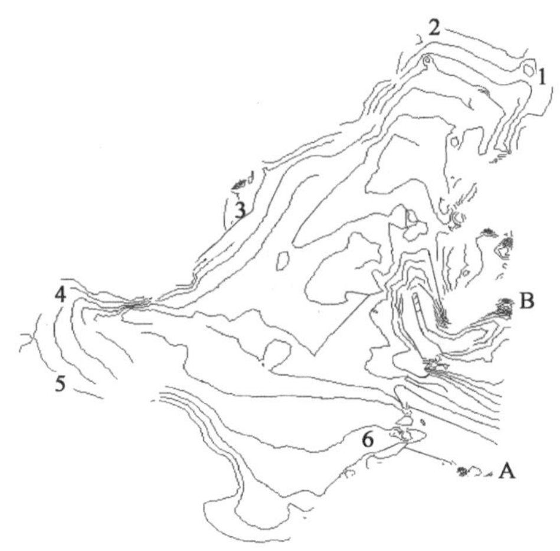

图3.15　渤海各测点位置

图 3.16　渤海湾计算域网格剖分图

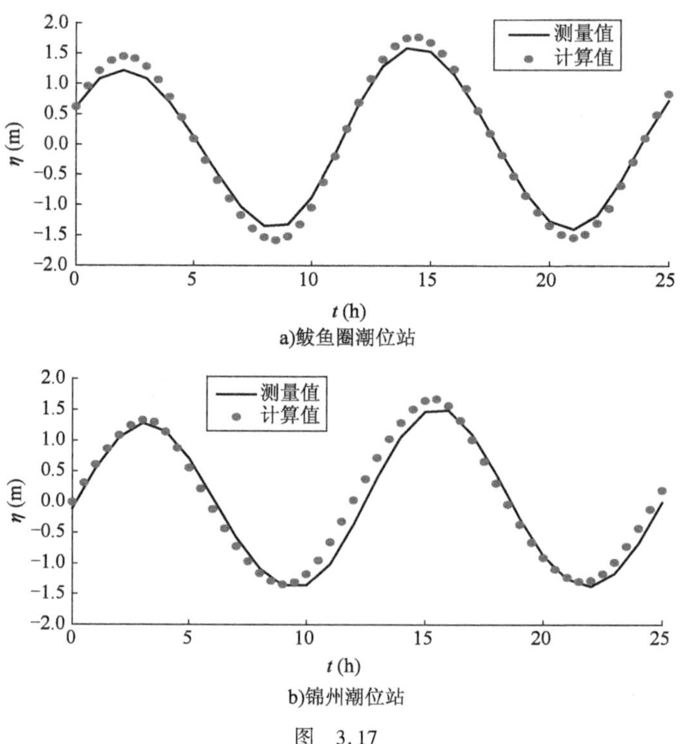

a)鲅鱼圈潮位站

b)锦州潮位站

图　3.17

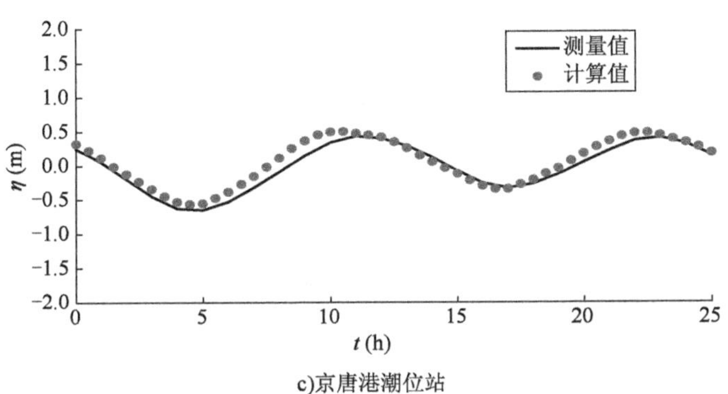

c)京唐港潮位站

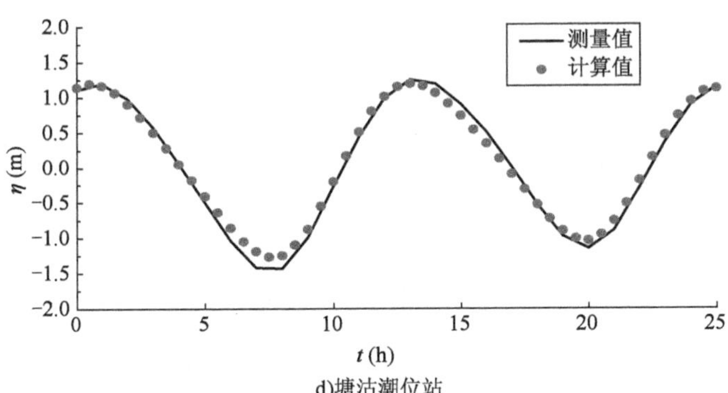

d)塘沽潮位站

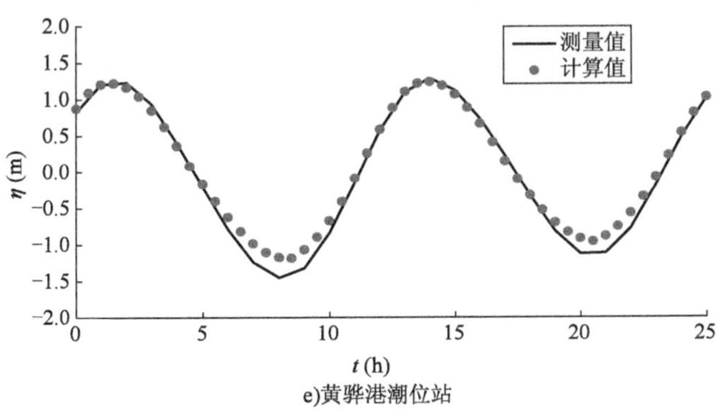

e)黄骅港潮位站

图 3.17

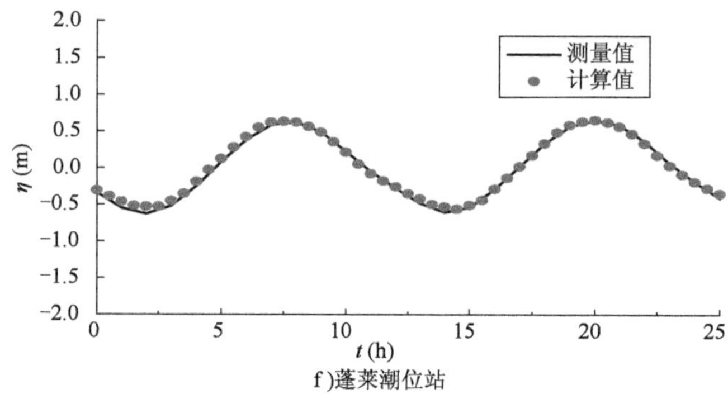

f)蓬莱潮位站

图 3.17　各测站水位的实测值和计算值的比较

图 3.18　5h 时流场流速矢量图

图 3.19　15h 时流场流速矢量图

图 3.20　25h 时流场流速矢量图

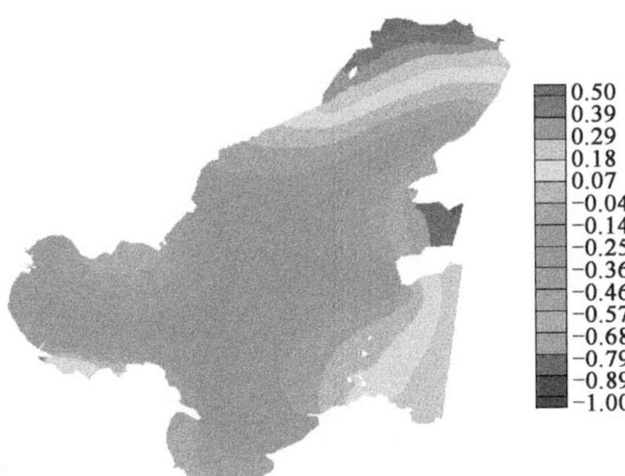

图 3.21　在 5h 时潮位图

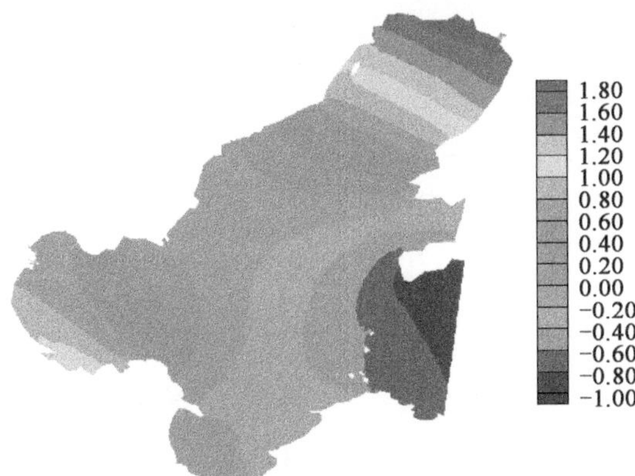

图 3.22　在 15h 时潮位图

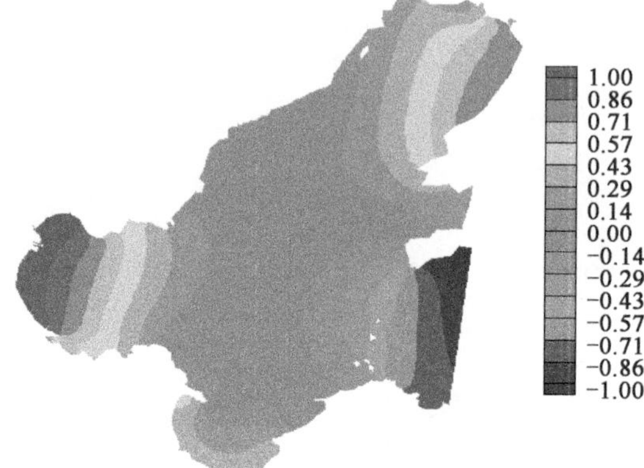

图 3.23　在 25h 时潮位图

第4章　三维非静压数学模型研究

在自然界中存在的实际水流运动大多具有三维流动特性，所以基于 Reynolds 时均化 Navier-Stokes（简称 N-S）方程的三维自由表面非恒定流数学模型在实际工程中具有非常重要的意义，目前国内外越来越多的专家、学者致力于基于 Reynolds 平均三维水动力数学模型的研究，但各模型所采用的网格系统、构造思路及控制方程中各项的处理模式决定了模型的精度和计算效率。

当前广泛应用于解决工程问题的三维自由水面非恒定流的数学模型基本上采用的是静水压强假设，即三维浅水模型。但当垂向加速度影响较大时，如在短波水流、分层重力流、局部地形突变或水下建筑物附近水流流动等问题，静水压强假设模型会带来较大的计算误差，因此，需要建立更为精细的三维水动力数学模型以应对上述问题。

目前国内外越来越多的专家、学者致力于三维非静水压力水动力数学模型的研究，国内使用较多的为源于计算传热学的 SLMPLE 系列算法，对于此类基于完全 Navier-Stokes方程的不可压缩流动，压强的求解是比较费时的，通常情况下压力泊松（Poisson）方程的计算时间往往占总计算时间的 70% 以上，归其原因是不可压流的压力波传输速度为无限大，压力的扰动具有瞬时传播到全流场的椭圆型方程性质，因此为满足不可压条件而进行的压力修正迭代的收敛也比较慢。国外出现了一系列基于显式投影法、压力分裂法和半隐分步法构造思想的三维非静水压力的数学模型，这几类三维数学模型大多是在水平方向上采用结构化或非结构化网格、在垂向采用分层的方法来剖分三维计算域，这样计算时间随垂向分层数的增加呈几何增长，为此，如何在不降低模型精度的前提下通过减少垂向分层数来提高模型计算效率是当前研究的热点。

采用较少的垂向分层数是提高计算效率的最为有效的一种途径，下面给出当前国内外主要此类模型的特点：一类是 Stelling 和 Zijlema 提出的基于 Keller-box 压力定义方式，压力边界条件能精确的直接施加到自由表面处，在模拟短波问题时取得很好的计算结果；另一类是 Yuan 和 Wu 提出的基于表层压力积分的方法，确保自由表面处压力边界条件精确给出，在垂向也仅分很少层就能正确地模拟波陡达到 0.31 的波浪传播变形问题。经过作者研究发现，第一类模型形成的压力泊松方程的系数矩阵不是对称正定的或对角占优的，求解要占用一定的机时，甚至不能求得唯一解，而第二类模型形成的压力泊松方程的阶数四倍于其他的方法，求解也需要花费大量的时间，此外这两类模型在平面都是采用结构化网格，模型对复杂边界问题的适应性相对较差。

本章在深入研究当前国内外三维非静水压力模型优缺点的基础上，利用自由表面上压力边值条件的特点，并结合垂向速度相对较小的特点，采用有限体积法，在交错的非结构、z 坐标网格体统下，求解三维 Reynolds 平均的 N-S 方程，建立了模拟具有自由表面的三维水波流动非静压数学模型。

4.1 控制方程及定解条件

4.1.1 控制方程

根据质量守恒定律和牛顿第二定律可以导出描述不可压缩黏性水体运动的基本方程，即连续性方程和 N-S 方程。在笛卡尔坐标系有：

连续性方程

$$\frac{\partial u}{\partial x}+\frac{\partial v}{\partial y}+\frac{\partial w}{\partial z}=0 \tag{4.1}$$

动量方程

$$\frac{\partial u}{\partial t}+\frac{\partial uu}{\partial x}+\frac{\partial uv}{\partial y}+\frac{\partial uw}{\partial z}=fv-\frac{\partial p}{\partial x}+\frac{\partial}{\partial x}\left(\nu^H\frac{\partial u}{\partial x}\right)+\frac{\partial}{\partial y}(\nu^H\frac{\partial u}{\partial y})+\frac{\partial}{\partial z}\left(\nu^V\frac{\partial u}{\partial z}\right) \tag{4.2}$$

$$\frac{\partial v}{\partial t}+\frac{\partial uv}{\partial x}+\frac{\partial vv}{\partial y}+\frac{\partial vw}{\partial z}=-fu-\frac{\partial p}{\partial y}+\frac{\partial}{\partial x}\left(\nu^H\frac{\partial v}{\partial x}\right)+\frac{\partial}{\partial y}\left(\nu^H\frac{\partial v}{\partial y}\right)+\frac{\partial}{\partial z}\left(\nu^V\frac{\partial v}{\partial z}\right) \tag{4.3}$$

$$\frac{\partial w}{\partial t}+\frac{\partial uw}{\partial x}+\frac{\partial vw}{\partial y}+\frac{\partial ww}{\partial z}=-\frac{\partial p}{\partial z}+\frac{\partial}{\partial x}\left(\nu^H\frac{\partial w}{\partial x}\right)+\frac{\partial}{\partial y}\left(\nu^H\frac{\partial w}{\partial y}\right)+\frac{\partial}{\partial z}\left(\nu^V\frac{\partial w}{\partial z}\right)-\rho g \tag{4.4}$$

式中，$u(x,y,z,t)$、$v(x,y,z,t)$、$w(x,y,z,t)$ 分别为速度矢量沿三个坐标轴 x、y、z 的分量；g 为重力加速度；ρ 为水体密度；p 为压力；f 为科氏力系数；ν^H、ν^V 分别为水平和垂直方向的涡黏系数。

在自由液面运动学边界条件有

$$w=\frac{\mathrm{d}\eta}{\mathrm{d}t}=\frac{\partial\eta}{\partial t}+u\frac{\partial\eta}{\partial x}+v\frac{\partial\eta}{\partial y} \tag{4.5}$$

在底面运动学边界条件有

$$w = \frac{\mathrm{d}(-h)}{\mathrm{d}t} = u\frac{\partial(-h)}{\partial x} + v\frac{\partial(-h)}{\partial y} \tag{4.6}$$

对连续方程(4.1)沿水深积分,并应用 Leibniz 法则有

$$\int_{-h}^{\eta}\frac{\partial u}{\partial x}\mathrm{d}z + \int_{-h}^{\eta}\frac{\partial v}{\partial y}\mathrm{d}z + w\big|_{z=\eta} - w\big|_{z=-h} = 0 \tag{4.7}$$

$$\int_{-h}^{\eta}\frac{\partial u}{\partial x}\mathrm{d}z = \frac{\partial}{\partial x}\int_{-h}^{\eta}u\mathrm{d}z - \left(u\big|_{z=\eta}\frac{\partial\eta}{\partial x} - u\big|_{z=-h}\frac{\partial(-h)}{\partial x}\right) \tag{4.8}$$

$$\int_{-h}^{\eta}\frac{\partial v}{\partial y}\mathrm{d}z = \frac{\partial}{\partial y}\int_{-h}^{\eta}v\mathrm{d}z - \left(v\big|_{z=\eta}\frac{\partial\eta}{\partial y} - v\big|_{z=-h}\frac{\partial(-h)}{\partial y}\right) \tag{4.9}$$

把式(4.5)和(4.6)代入式(4.7)可得水位演化方程

$$\frac{\partial\eta}{\partial t} + \frac{\partial}{\partial x}\int_{-h}^{\eta}u\mathrm{d}z + \frac{\partial}{\partial y}\int_{-h}^{\eta}v\mathrm{d}z = 0 \tag{4.10}$$

根据 Casulli,方程(4.2)~(4.4)中的压力项 p 能分解为静水压力项和非静水压力项。非静水压力项能够通过忽略对流项和扩散项的垂向动量方程沿水深积分得到。即有

$$p(x,y,z,t) = p_a(x,y,t) + g[\eta(x,y,t) - z] + q(x,y,z,t) \tag{4.11}$$

式中,$p_a(x,y,t)$为大气压;方程右端第二、第三项分别为由于静压分布引起的正压项和斜压项;$q(x,y,z,t)$表示非静压项。

将式(4.11)代入式(4.2)~式(4.4)得动量方程为

$$\frac{\partial u}{\partial t} + \frac{\partial uu}{\partial x} + \frac{\partial uv}{\partial y} + \frac{\partial uw}{\partial z} = fv - \frac{\partial p_a}{\partial x} - g\frac{\partial\eta}{\partial x} - \frac{\partial q}{\partial x} + \frac{\partial}{\partial x}\left(\nu^H\frac{\partial u}{\partial x}\right) + \frac{\partial}{\partial y}\left(\nu^H\frac{\partial u}{\partial y}\right) + \frac{\partial}{\partial z}\left(\nu^V\frac{\partial u}{\partial z}\right) \tag{4.12}$$

$$\frac{\partial v}{\partial t} + \frac{\partial uv}{\partial x} + \frac{\partial vv}{\partial y} + \frac{\partial vw}{\partial z} = -fu - \frac{\partial p_a}{\partial y} - g\frac{\partial\eta}{\partial y} - \frac{\partial q}{\partial y} + \frac{\partial}{\partial x}\left(\nu^H\frac{\partial v}{\partial x}\right) + \frac{\partial}{\partial y}\left(\nu^H\frac{\partial v}{\partial y}\right) + \frac{\partial}{\partial z}\left(\nu^V\frac{\partial v}{\partial z}\right) \tag{4.13}$$

$$\frac{\partial w}{\partial t} + \frac{\partial uw}{\partial x} + \frac{\partial vw}{\partial y} + \frac{\partial ww}{\partial z} = -\frac{\partial q}{\partial z} + \frac{\partial}{\partial x}\left(\nu^H\frac{\partial w}{\partial x}\right) + \frac{\partial}{\partial y}\left(\nu^H\frac{\partial w}{\partial y}\right) + \frac{\partial}{\partial z}\left(\nu^V\frac{\partial w}{\partial z}\right) \tag{4.14}$$

式(4.12)~式(4.14)中的涡黏性系数采用标准的 k-ε 两方程模式求解

$$\nu_t = C_\mu\frac{k^2}{\varepsilon} \tag{4.15}$$

式中，k 为湍动能；ε 为湍动能耗散率。

标准 k-ε 两方程紊流模式可以表达为

$$\frac{Dk}{Dt} - \nabla\left(\frac{\nu_t}{\sigma_k}\nabla k\right) = c_\mu \frac{k^2}{\varepsilon}G - \varepsilon \tag{4.16}$$

$$\frac{D\varepsilon}{Dt} - \nabla\left(\frac{\nu_t}{\sigma_\varepsilon}\nabla \varepsilon\right) = c_1 \frac{\varepsilon}{k}G - c_2 \frac{\varepsilon^2}{k} \tag{4.17}$$

式中，$c_1 = 1.44$，$c_2 = 1.92$，$c_\mu = 0.09$，$\sigma_k = 1.0$，$\sigma_\varepsilon = 1.3$。G 为湍动能的产生项，可以表达为：

$$G = \left(\frac{\partial u_i}{\partial x_j} + \frac{\partial u_j}{\partial x_i}\right)\frac{\partial u_i}{\partial x_j} \tag{4.18}$$

4.1.2 定解条件

上述三维水流运动简化方程组为时间、空间的变量，作为数学物理方程的适定问题，还必须给出初始条件和边界条件。

(1)初始条件

因为水体的动力(流场)过程调整较快，初始值一般取为0。

$$u(x,y,z,0) = 0 \tag{4.19}$$

$$v(x,y,z,0) = 0 \tag{4.20}$$

$$w(x,y,z,0) = 0 \tag{4.21}$$

$$\eta(x,y,0) = \eta_0(x,y) \tag{4.22}$$

$$k(x,y,z,0) = k_0(x,y,z) \tag{4.23}$$

$$\varepsilon(x,y,z,0) = \varepsilon_0(x,y,z) \tag{4.24}$$

(2)边界条件

①自由表面边界条件

在表面风引起的表面剪应力和水体表层的 Reynolds 应力平衡有

$$\nu^V \frac{\partial u}{\partial z} = \nu_T(u_a - u),\quad \nu^V \frac{\partial v}{\partial z} = \nu_T(v_a - v) \tag{4.25}$$

式中，u_a 和 v_a 分别为在垂直水面上 10m 的风速在 x、y 方向的分量；ν_T 为与风速相关的风应力系数。

对紊流变量，k 和 ε 通常由下式给定

$$\frac{\partial k}{\partial z} = 0,\ \varepsilon = \frac{(k\sqrt{c_\mu})^{1.5}}{0.07\kappa h} \tag{4.26}$$

②底面边界条件

同表面力的平衡，在底部存在着摩擦力和 Reynolds 应力的平衡

$$\nu^V \frac{\partial u}{\partial z} = \nu_B u_{j,k}^{n+1}, \quad \nu^V \frac{\partial v}{\partial z} = \nu_B v_{j,k}^{n+1} \tag{4.27}$$

式中，$\nu_B = \dfrac{\sqrt{(u_{j,k}^n)^2 + (v_{j,k}^n)^2}}{\left[2.5\ln\left(\dfrac{30d}{2.72k_s}\right)\right]^2}$；$d$ 为底层厚度；k_s 为当量粗糙度。

在底层边界处，平行于底面的速度通过对数律来求得

$$\frac{v_\tau}{v_*} = \frac{1}{\kappa}\log_e C \tag{4.28}$$

式中，v_τ 是平行于底面的速度；v_* 为剪切速度，且有

$$C = \begin{cases} \dfrac{30.0}{k_s}\Delta y & \text{粗糙底面} \\ \dfrac{9.05v_*}{\nu}\Delta y & \text{光滑底面} \end{cases} \tag{4.29}$$

式中，k_s 为当量粗糙度。

对紊流变量，k 和 ε 通常由下式给定

$$k = \frac{v_*^2}{\sqrt{c_\mu}}, \quad \varepsilon = \frac{|v_*|^3}{\kappa\Delta y} \tag{4.30}$$

③入流边界条件

对于水位入流边界，通常采用实测的水位资料或者采用更大范围数学模型计算的水位值作为控制条件。在明渠流计算中，一般上游端给出流量(流速)边界。若给出流速(流量)作为边界条件时，需要沿断面宽度和沿水深进行分布计算，根据断面宽度函数和垂向流速沿水深对数分布函数给出。若给出水位边界条件时，流速边界通常采用法向梯度为零来处理。

在入流边界，紊流变量值一般可以按如下方式给出

$$u = \text{constant}, \quad \nu = 0, \quad w = 0 \tag{4.31}$$

$$k = 0.03u^2, \quad \varepsilon = c_\mu \frac{k^{1.5}}{0.09h} \tag{4.32}$$

④出流边界条件

在出流处，如给定水位值 η，其他的变量(包括流速，紊流变量，非静压项)沿出流边界的外法向方向的梯度为零。

对于波浪问题需要在计算域的末端设置海绵吸收层来吸收传出计算域的波浪。

采用在动量方程中加入线性衰减项的方式来模拟海绵吸收层,具体见文献[52]。

4.2 网格系统及变量定义

所谓正交非结构化网格是在非结构化网格中要求两个相邻网格的"中心"的连线与公共边相互正交,称交点为边的"中心"。单元的"中心"不一定是其真正的中心,边的"中心"也不一定是边的中点,本书采用的 Delaunay 三角化网格满足上述要求。一般来说,网格可以是三角形的,也可以是矩形或其他凸多边形。本书模型采用平面正交非结构网格,垂向进行分层离散(可以不等分层)见图 4.1,这样,三维计算域被剖分为若干棱柱形单元,由于这种剖分方式不会产生杂乱的四面体等结构,因此可以分开来定义变量的水平和垂向的空间布置,分别见图 4.2 和图 4.3。

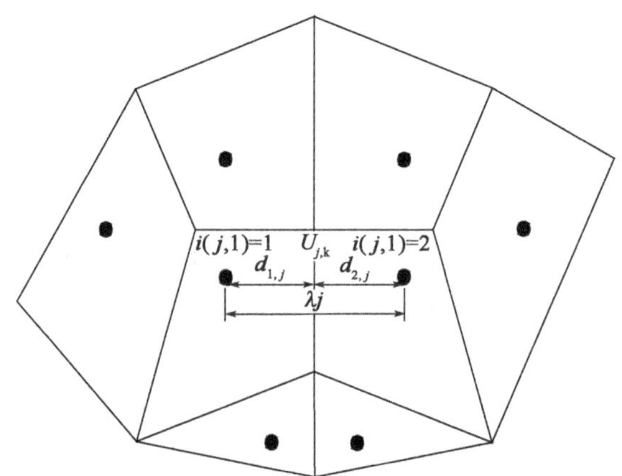

图 4.1　正交非结构化网格示意图

变量采用交错网格的方式定义。水位 η_i 定义在平面单元的"中心"。水平方向法向速度 $U_{j,k}$ 定义在垂向面的"中心"上,即为相邻棱柱连线方向;以 j 索引的垂向面有预定义法向 $\boldsymbol{n}_j$,表示定义在此面的速度向量的正方向,因此,如果 $\boldsymbol{u}_j$ 表示 j 面的速度向量,那么有 $\boldsymbol{u}_j \cdot \boldsymbol{n}_j = U_j$。垂向速度 $w_{i,k+1/2}$ 定义在棱柱形网格的上下单元的"中心";非静压项 $q_{i,k}$、紊动动能 $k_{i,k}$ 和紊动耗散率 $\varepsilon_{i,k}$ 定义在棱柱形网格的中心,变量的具体定义方式见图 4.3。此外,单元用 $i \in [1,ne]$ 作索引,ne 为单元数;平面单元的边用 $j \in [1,ns]$ 作索引,ns 为边数;节点用 $m \in [1,nd]$ 作索引,nd 为节点号;构成边的节点用 $jd[j,(1,2)]$ 作索引;构成单元的边用 $is[i,(1,n_i)]$ 作索引,n_i 为单元 i 的边数;构成单元的节点用 $ip[i,(1,n_i)]$ 作索引;边相邻的单元用 $je[j,(1,2)]$ 作索引;相邻单元"中心"的距离用 δ_j 作索引,边的长度用 l_j 作索引。

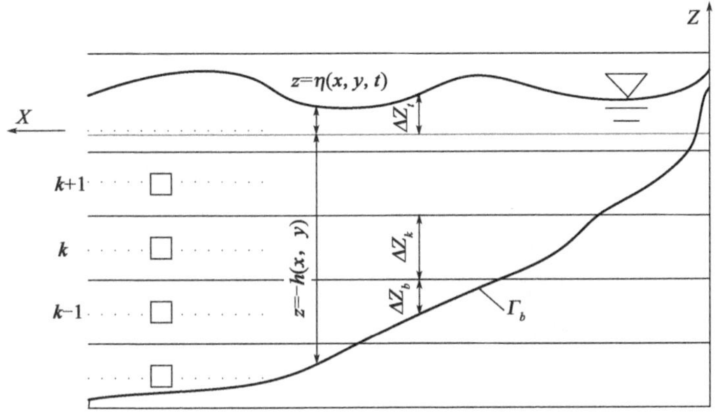

图 4.2　计算域示意图

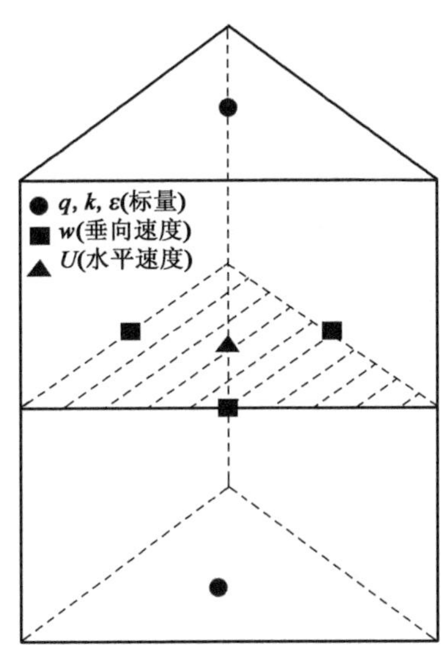

图 4.3　三棱柱网格及变量定义

第 i 个单元第 n 时刻垂向分层间距为 $\Delta z_{i,k}^{n}=\min(\eta_i^n, z_{k+1/2})-\max(-h_i, z_{k-1/2})$，$k=nzb_i^n, k_{i+1}, \cdots, nzt_i^n$，其中 nzb_i^n 为第 i 个单元底层的索引，nzt_i^n 为第 i 个单元表层的索引，为简便起见，下文中均忽略 n。需要注意的是表层间距的 $\Delta z_{i,nzt}$ 除了与空间位置有关还与时间 n 有关，底层间距 $\Delta z_{i,nzb}$ 只与空间位置有关。第 j 面垂向分层间距 $\Delta z_{j,k}=\Delta z_{i(j,1),k}$ 或 $\Delta z_{j,k}=\Delta z_{i(j,2),k}$，$k=nzb_j+1, m_{j+1}, \cdots, nzt_j-1$，其中 nzb_j 为第 j 面底层的索引，nzt_j 为第 j 面表层的索引。底层和表层的分层间距可按所谓的“迎风”方式定义，具体见文献[52]。

4.3 数值离散

为了使模型稳定性不受自由表面波速、风应力、垂向黏性和底摩擦项的影响，本文采用半隐式的分步法在非结构化交错网格上求解三维 RANS 方程。第一步静压计算中，水平动量方程的水位梯度项和水位演化方程中的水平速度项采用 θ 方法离散，此外，风应力、垂向黏性和底摩擦项采用全隐式离散，并忽略方程水平动量方程中的隐式的非静压项，从而得到预测步的流速和水位。第二步非静压计算中，通过考虑隐式的非静压项影响，来修正第一步得到的预测水位和速度，使其满足连续性方程，进而得到最终结果。

4.3.1 静压计算

在方程离散时，首先忽略隐式的非静水压力项贡献，只考虑上一时间步的非静水压力项，与基于静水压力假设的三维模型相比，本模型的水平法向动量方程的离散考虑了上一时间步的非静压项的影响。

水平动量方程是在每个单元的垂向面上求解，将单元控制面法向向量 $\boldsymbol{n}_j$ 点乘水平动量方程(4.12)和(4.13)，获得每个面的水平法向动量方程

$$\frac{\partial U}{\partial t}+\frac{\partial U^2}{\partial t}+\frac{\partial Uv}{\partial t}+\frac{\partial Uw}{\partial t}=-g\frac{\partial \eta}{\partial n}+fvn_1-fun_2-\frac{\partial q}{\partial n}+\frac{\partial}{\partial x}\left(\nu^H\frac{\partial U}{\partial x}\right)+\frac{\partial}{\partial y}\left(\nu^H\frac{\partial U}{\partial y}\right)+\frac{\partial}{\partial z}\left(\nu^V\frac{\partial U}{\partial z}\right) \tag{4.33}$$

式中，$\partial/\partial n$ 是单元控制面水平法向梯度，n_1 和 n_2 是法向向量的分量。

垂向动量方程(2.14)可以表示为

$$\frac{\partial w}{\partial t}+\frac{\partial uw}{\partial t}+\frac{\partial vw}{\partial t}+\frac{\partial w^2}{\partial t}=-\frac{\partial q}{\partial z}+\frac{\partial}{\partial x}\left(\nu^H\frac{\partial w}{\partial x}\right)+\frac{\partial}{\partial y}\left(\nu^H\frac{\partial w}{\partial y}\right)+\frac{\partial}{\partial z}\left(\nu^V\frac{\partial w}{\partial z}\right) \tag{4.34}$$

首先，忽略隐式的非静压项贡献，得到预测步的速度场和水位，因不是最终结果，为表达方便，采用 $\overline{U}$、$\overline{w}$ 和 $\overline{\eta}$ 表示预测步的速度和水位。

在 k 层 j 面对水平法向动量方程(4.33)进行离散有

$$\overline{U}_{j,k}^{n+1}=F(U_{j,k}^n)-\frac{\Delta t(1-\theta)}{\delta_j}\left[g(\eta_{je(j,2)}^n-\eta_{je(j,1)}^n)+(q_{je(j,2),k}^n-q_{je(j,1),k}^n)\right]-\frac{g\Delta t\theta}{\delta_j}\left(\overline{\eta}_{je(j,2)}^{n+1}-\overline{\eta}_{je(j,1)}^{n+1}\right)+\frac{\Delta t}{\Delta z_{j,k}}\left(\nu_{j,k+1/2}^v\frac{\overline{U}_{j,k+1}^{n+1}-\overline{U}_{j,k}^{n+1}}{\Delta z_{j,k+1/2}}-\nu_{j,k-1/2}^v\frac{\overline{U}_{j,k}^{n+1}-\overline{U}_{j,k-1}^{n+1}}{\Delta z_{j,k-1/2}}\right) \tag{4.35}$$

式中:上标 $n+1$ 和 n 分别表示计算时间步和当前时间步;Δt 为时间步长;θ 为隐式求解系数,为保证格式的稳定性 $\theta \geqslant 0.5$;$\Delta z_{j,k}$ 为边 j 的第 k 层厚度;$\Delta z_{j,k+1/2}=(\Delta z_{j,k+1}+\Delta z_{j,k})/2$;$F(U_{j,k}^{n})=-c_c(U_{j,k}^{n})+d_c(U_{j,k}^{n})+fvn_1-fun_2$,其中 $c_c(U_{j,k}^{n})$ 和 $d_c(U_{j,k}^{n})$ 采用显式 Euler 离散算子,具体见文献[52]。

令 $\boldsymbol{v}_{j,k+1/2}=\Delta t\nu_{j,k+1/2}^{V}/\Delta z_{j,k+1/2}$,整理方程(4.35)得

$$-\boldsymbol{v}_{j,k-1/2}\overline{U}_{j,k-1}^{n+1}+(\boldsymbol{v}_{j,k-1/2}+\Delta z_{j,k}+\boldsymbol{v}_{j,k+1/2})\overline{U}_{j,k}^{n+1}-\boldsymbol{v}_{j,k+1/2}\overline{U}_{j,k+1}^{n+1}$$
$$=\Delta z_{j,k}F(U_{j,k}^{n})-\frac{\Delta tg\theta\Delta z_{j,k}}{\delta_j}(\overline{\eta}_{je(j,2)}^{n+1}-\overline{\eta}_{je(j,1)}^{n+1})-$$
$$\frac{\Delta t(1-\theta)\Delta z_{j,k}}{\delta_j}[(\eta_{je(j,2)}^{n}-\eta_{je(j,1)}^{n})+(q_{je(j,2),k}^{n}-q_{je(j,1),k}^{n})] \tag{4.36}$$

在自由面边界

$$\nu_{j,nzt}^{V}\frac{\partial U}{\partial z}=\nu_t(U_a-U) \tag{4.37}$$

式中,ν_t 为表面拖拽系数;U_a 为风速。对表层单元的离散有

$$\overline{U}_{j,nzt}^{n+1}=F(U_{j,nzt}^{n})-\frac{(1-\theta)\Delta t}{\delta_j}[g(\eta_{je(j,2)}^{n}-\eta_{je(j,1)}^{n})+(q_{je(j,2),k}^{n}-q_{je(j,1),k}^{n})]-$$
$$\frac{g\Delta t}{\delta_j}\theta(\overline{\eta}_{je(j,2)}^{n+1}-\overline{\eta}_{je(j,1)}^{n+1})+\frac{\Delta t}{\Delta z_{j,nzt}}\left[\nu_t(U_{j,a}-\overline{U}_{j,nzt}^{n+1})-\nu_{j,nzt-1/2}^{v}\frac{\overline{U}_{j,nzt}^{n+1}-\overline{U}_{j,nzt-1}^{n+1}}{\Delta z_{j,nzt-1/2}}\right] \tag{4.38}$$

近一步整理上式有

$$-\boldsymbol{v}_{j,nzt-1}\overline{U}_{j,nzt-1}^{n+1}+(\Delta t\nu_t+\boldsymbol{v}_{j,nzt-1}+\Delta z_{j,nzt})\overline{U}_{j,nzt}^{n+1}$$
$$=\Delta z_{j,nzt}F(U_{j,nzt}^{n})+\Delta t\nu_tU_a-\frac{\Delta tg\theta\Delta z_{j,nzt}}{\delta_j}(\eta_{je(j,2)}^{n+1}-\eta_{je(j,1)}^{n+1})-$$
$$\frac{\Delta t(1-\theta)\Delta z_{j,nzt}}{\delta_j}[g(\eta_{je(j,2)}^{n}-\eta_{je(j,1)}^{n})+(q_{je(j,2),nzt}^{n}-q_{je(j,1),nzt}^{n})] \tag{4.39}$$

在底边界有

$$\nu^{V}\frac{\partial U}{\partial z}=\nu_bU \tag{4.40}$$

同样在底边界有离散方程

$$
\begin{aligned}
&(\Delta z_{j,nzb}+\Delta t\boldsymbol{\nu}_b+\boldsymbol{\upsilon}_{j,nzb+1/2})\overline{U}_{j,nzb}^{n+1}-\boldsymbol{\upsilon}_{j,nzb+1/2}\overline{U}_{j,nzb+1}^{n+1}\\
&=\Delta z_{j,nzb}F(U_{j,nzb}^{n})-\frac{\Delta tg\theta\Delta z_{j,nzb}}{\delta_j}(\overline{\eta}_{je(j,2)}^{n+1}-\overline{\eta}_{je(j,1)}^{n+1})-\\
&\quad\frac{\Delta t(1-\theta)\Delta z_{j,nzb}}{\delta_j}[g(\eta_{je(j,2)}^{n}-\eta_{je(j,1)}^{n})+(q_{je(j,2),nzb}^{n}-q_{je(j,1),nzb}^{n})]
\end{aligned}
\tag{4.41}
$$

将方程(4.36)、(4.39)和(4.41)写成矩阵形式有

$$
\boldsymbol{A}_j^n\,\overline{\boldsymbol{U}}_j^{n+1}=\boldsymbol{G}_j^n-\theta g\frac{\Delta t}{\delta_j}[\overline{\eta}_{i(j,2)}^{n+1}-\overline{\eta}_{i(j,1)}^{n+1}]\Delta\boldsymbol{Z}_j \tag{4.42}
$$

式中,矩阵$\overline{\boldsymbol{U}}_j^{n+1}=\begin{bmatrix}\overline{U}_{j,nzt}^{n+1}\\ \vdots\\ \overline{U}_{j,nzb}^{n+1}\end{bmatrix}$,$\Delta\boldsymbol{Z}_j=\begin{bmatrix}\Delta z_{j,nzt}^{n+1}\\ \vdots\\ \Delta z_{j,nzb}^{n+1}\end{bmatrix}$,$\boldsymbol{A}_j^n$ 和 $\boldsymbol{G}_j^n$ 的具体表达形式见本章结尾,其中矩阵 $\boldsymbol{A}_j^n$ 为$(nzt-nzb+1)\times(nzt-nzb+1)$的三对角矩阵,通过追赶法可以直接求解方程组(4.42)。

法向速度表示为矩阵形式

$$
\overline{\boldsymbol{U}}_j^{n+1}=(\boldsymbol{A}_j)^{-1}\boldsymbol{G}_j^n-\theta g\frac{\Delta t}{\delta_j}[\overline{\eta}_{i(j,2)}^{n+1}-\overline{\eta}_{i(j,1)}^{n+1}](\boldsymbol{A}_j)^{-1}\Delta\boldsymbol{Z}_j \tag{4.43}
$$

类似水平动量方程的离散,忽略隐式的非静压项,垂向动量方程同样采用半隐式有限差分离散有

$$
\begin{aligned}
\frac{\overline{w}_{i,k+1/2}^{n+1}-w_{i,k+1/2}^{n}}{\Delta t}&=H(w_{i,k+1/2}^{n})-(1-\theta)\frac{\Delta t}{\Delta z_{i,k+1/2}}(q_{i,k+1}^{n}-q_{i,k}^{n})+\\
&\quad\frac{1}{\Delta z_{i,k+1/2}}\left[\frac{\boldsymbol{\nu}_{i,k+1}^{V}(\overline{w}_{i,k+3/2}^{n+1}-\overline{w}_{i,k+1/2}^{n+1})}{\Delta z_{i,k+1}}-\frac{\boldsymbol{\nu}_{i,k}^{V}(\overline{w}_{i,k+1/2}^{n+1}-\overline{w}_{i,k-1/2}^{n+1})}{\Delta z_{i,k}}\right]
\end{aligned}
\tag{4.44}
$$

$$
k=nzb_j,nzb_j+1,\cdots,nzt_j-1
$$

式中,$H(w_{i,k}^n)=-c_c(w_{i,k}^n)+d_c(w_{i,k}^n)$,其中 $c_c(w_{i,k}^n)$和 $d_c(w_{i,k}^n)$为显式 Euler 离散算子,具体见文献[52]。

令 $\boldsymbol{\upsilon}_{i,k}=\Delta t\boldsymbol{\nu}_{j,k}^{V}/\Delta z_{j,k}$,整理有

$$
\begin{aligned}
&-\boldsymbol{\upsilon}_{i,k}\overline{w}_{i,k-1/2}^{n+1}+(\Delta z_{i,k+1/2}+\boldsymbol{\upsilon}_{i,k+1}+\boldsymbol{\upsilon}_{i,k})\overline{w}_{i,k+1/2}^{n+1}-\boldsymbol{\upsilon}_{i,k+1}\overline{w}_{i,k+3/2}^{n+1}\\
&=\Delta z_{i,k+1/2}H(w_{i,k+1/2}^{n})-(1-\theta)\frac{\Delta t}{\Delta z_{i,k+1/2}}(q_{i,k+1}^{n}-q_{i,k}^{n})
\end{aligned}
\tag{4.45}
$$

上式写成矩阵形式为

$$
\boldsymbol{B}_i^n\,\overline{\boldsymbol{W}}_i^{n+1}=\boldsymbol{H}_i^n \tag{4.46}
$$

式中，$\overline{\boldsymbol{W}}_i^{n+1}=\begin{bmatrix}\overline{w}_{i,nzt-1}^{n+1}\\ \overline{w}_{i,nzt-2}^{n+1}\\ \vdots\\ \overline{w}_{i,nzb}^{n+1}\end{bmatrix}$，$\boldsymbol{B}_i^n$ 和 $\boldsymbol{H}_i^n$ 的具体表达式同 $\boldsymbol{A}_j^n$ 和 $\boldsymbol{G}_j^n$ 类似，其中 $\boldsymbol{B}_i^n$ 同样为三对角矩阵，可以通过追赶法直接求解方程组(4.46)。

对水位演化方程(4.10)采用半隐式的有限体积法离散有

$$
\begin{aligned}
P_i\overline{\eta}_i^{n+1}=&P_i\eta_i^n-\Delta t\theta\sum_{j=1}^{n_j}\left[l_{is(i,j)}N_j\sum_{k=nzb}^{nzt}\overline{U}_{is(i,j),k}^{n+1}\Delta z_{is(i,j),k}^{UW}\right]-\\
&\Delta t(1-\theta)\sum_{j=1}^{n_j}\left[l_{is(i,j)}N_j\sum_{k=nzb}^{nzt}\overline{U}_{is(i,j),k}^{n}\Delta z_{is(i,j),k}^{UW}\right]\\
=&P_i\eta_i^n-\Delta t\theta\sum_{j=1}^{n_j}\left[l_{is(i,j)}N_j\overline{U}_{is(i,j),k}^{n+1}\Delta Z_{is(i,j),k}^{UW}\right]-\Delta t(1-\theta)\sum_{j=1}^{n_j}\left[l_{is(i,j)}N_jU_{is(i,j),k}^{n}\Delta Z_{is(i,j),k}^{UW}\right]
\end{aligned}
\tag{4.47}
$$

式中，P_i 为平面单元 i 的面积；$\Delta Z_{is(i,j),k}^{UW}$ 为单元控制面按迎风方法插值的垂向空间尺度；$N_j=1$ 表示质量流出，$N_j=-1$ 表示质量流入，采用下式计算

$$
N_j=\frac{je[is(i,j),1]+je[is(i,j),2]-2i}{je[is(i,j),2]-je[is(i,j),1]}
\tag{4.48}
$$

将式(4.43)代入方程(4.47)，整理有

$$
\begin{aligned}
&P_i\overline{\eta}_i^{n+1}-g\theta^2\Delta t^2\sum_{j=1}^{n_j}\frac{l_{is(i,j)}N_j}{\delta_{is(i,j)}}[(\Delta\boldsymbol{Z})^{\mathrm{T}}\boldsymbol{A}^{-1}\Delta\boldsymbol{Z}]_{is(i,j)}^{n}(\overline{\eta}_{je[is(i,j),2]}^{n+1}-\overline{\eta}_{je[is(i,j),1]}^{n+1})\\
&=P_i\eta_i^n-\Delta t(1-\theta)\sum_{j=1}^{n_j}[l_{is(i,j)}N_j[(\Delta\boldsymbol{Z})^{\mathrm{T}}\boldsymbol{U}]_{is(i,j),k}^{n}]-\\
&\quad\Delta t\theta\sum_{j=1}^{n_j}[l_{is(i,j)}N_j[(\Delta\boldsymbol{Z})^{\mathrm{T}}\boldsymbol{A}^{-1}\boldsymbol{G}]_{is(i,j),k}^{n}]
\end{aligned}
\tag{4.49}
$$

由于$[(\Delta\boldsymbol{Z})^{\mathrm{T}}\boldsymbol{A}^{-1}\Delta\boldsymbol{Z}]_{is(i,j)}^{n}$为非负数，方程(4.49)是关于$\overline{\eta}_i^{n+1}$的线性稀疏的方程组，且系数矩阵为严格对角占优、对称和正定的，本文采用预处理的共轭梯度法求解方程(4.49)，其中预优矩阵采用不完全 Cholesky 分解获得。一旦求出预测水位$\overline{\eta}_i^{n+1}$，可以通过方程(4.43)求出水平法向方向的预测步速度，预测步垂向流速通过方程(4.46)求得。

4.3.2　非静压修正计算

由于第一步忽略了隐式的非静压项，得到的预测步速度场不能满足连续性方程，

本节通过考虑隐式的非静压项影响，来修正预测步的速度场（$\overline{U}_{j,k}^{n+1}$，$\overline{w}_{i,k}^{n+1}$），从而得到新时刻的速度场（$U_{j,k}^{n+1}$，$w_{i,k}^{n+1}$）。

由于方程(4.43)和方程(4.46)的离散都是忽略了隐式的非静压项，考虑隐式的非静压项有

$$U_{j,k}^{n+1}=\overline{U}_{j,k}^{n+1}-\frac{\theta\Delta t}{\delta_j}\left(\overline{q}_{je(j,2),k}^{n+1}-\overline{q}_{je(j,1),k}^{n+1}\right) \tag{4.50}$$

$$w_{i,k+1/2}^{n+1}=\overline{w}_{i,k+1/2}^{n+1}-\frac{\theta\Delta t}{\Delta z_{i,k+1/2}}\left(\overline{q}_{i,k}^{n+1}-\overline{q}_{i,k+1}^{n+1}\right) \tag{4.51}$$

式(4.50)和式(4.51)中，$\overline{q}$ 表示非静压修正项。

当前大多的三维非静水压力模型在模拟具有强三维流动特性的流动时，在垂向需要很多层(20~30层)才能得到精确的结果，这就大大地增加了计算量，根据作者的研究发现，究其原因是自由表面处零压力边界条件未能直接施加到自由表面处。为此，本模型采用表层压力积分的方法，确保自由表面的零压力边界条件能精确的施加到模型中，使模型在垂向也仅分2~5层就能正确的模拟具有强三维流动特性的水波流动问题，从而大大地提高了计算效率。

忽略垂向动量方程的对流扩散项，沿表层中心 $z=z^*$ 到自由表面 $z=\eta$ 对其积分，并用 Leibniz 公式和自由表面运动边界条件，则在表层单元压力项为

$$p_{z=z^*}=g(\eta-z^*)+\frac{\partial}{\partial t}\int_{z^*}^{\eta}w\mathrm{d}z+w\big|_{z^*}\frac{\partial z^*}{\partial t}-w\big|_{z^*}\frac{\partial\eta}{\partial t} \tag{4.52}$$

上式右端第一项表示静压项，右端剩余项表示非静压。

由于 z^* 是自由表面的函数 $z^*=(\eta-\Delta z)/2$，有

$$\frac{\partial z^*}{\partial t}=\frac{1}{2}\frac{\partial\eta}{\partial t},\frac{\partial z^*}{\partial x}=\frac{1}{2}\frac{\partial\eta}{\partial x},\frac{\partial z^*}{\partial y}=\frac{1}{2}\frac{\partial\eta}{\partial y} \tag{4.53}$$

将式(4.53)代入式(4.52)，可得

$$p_{z=z^*}=g\left(\frac{\eta-\Delta z}{2}\right)+\frac{\partial}{\partial t}\int_{z=(\eta-\Delta z)/2}^{z=\eta}w\mathrm{d}z+\left(\frac{1}{2}w\bigg|_{z=(\eta-\Delta z)/2}-w\big|_{z=\eta}\right)\frac{\partial\eta}{\partial t} \tag{4.54}$$

对上式离散可得

$$\begin{aligned}&P_i\Delta z_{i,nzt}\frac{w_{i,nzt}^{n+1}-w_{i,nzt}^{n}}{\Delta t}+P_i\Delta z_{i,nzt}(w_{i,nzt}^{n})^2+P_i\Delta z_{i,nzt}w_{i,nzt}^{n}\frac{\eta_i^{n+1}-\eta_i^{n}}{2\Delta t}+\\&\frac{1}{2}\sum_{m=1}^{n_i}N_{is(i,m)}l_{is(i,m)}\Delta z_{is(i,m),nzt}^{n}U_{is(i,m),nzt}^{n}w_{is(i,m),nzt}^{n}+\\&\frac{1}{2}\sum_{m=1}^{n_i}N_{is(i,m)}l_{is(i,m)}\Delta z_{is(i,m),nzt}^{n}U_{is(i,m),nzt}^{n}w_{is(i,m),nzt}^{n}\\&=P_i\Delta z_{i,nzt}p_{i,nzt}^{n+1}-P_i\Delta z_{i,nzt}g(\eta_i^{n+1}-z_{nzt})\end{aligned} \tag{4.55}$$

由于 $p^{n+1}_{i,nzt+1/2}=0$,上式可整理为：

$$P_i p^{n+1}_{i,nzt}=P_i g(\eta^{n+1}_i - z_{nzt})+P_i\Delta z_{i,j,nzt}\frac{w^{n+1}_{i,nzt}-w^{n}_{i,nzt}}{2\Delta t}+$$

$$\frac{1}{2}\sum_{l}^{S_i}N_l l_{j(i,l)}\Delta z^{UW}_{j(i,l),nzt}U^{n}_{j(i,l),nzt}w^{n}_{j(i,l),nzt}+P_i(w^{n}_{i,nzt+1/2})^2-P_i(w^{n}_{i,nzt})^2 \quad (4.56)$$

$w^{n+1}_{i,nzt}$是顶层 z^* 处的垂向流速，Yuan、艾丛芳采用平均 $w^{n+1}_{i,nzt}=0.5w^{n+1}_{i,nzt-1/2}+0.5w^{n+1}_{i,nzt+1/2}$,然而他们的方法需要采用很多层才能得到满意的结果(如在模拟线性正弦短波时需要采用20层)。Yuan 证实了线性插值 $w^{n+1}_{i,nzt}=0.25w^{n+1}_{i,nzt-1/2}+0.75w^{n+1}_{i,nzt+1/2}$是很好的一种的选择，$w^{n+1}_{i,nzt}$也能通过下面的插值方式构造出三阶精度格式

$$w^{n+1}_{i,nzt}=\frac{77}{128}w^{n+1}_{i,nzt+1/2}+\frac{77}{128}w^{n+1}_{i,nzt-1/2}-\frac{33}{128}w^{n+1}_{i,nzt-3/2}-\frac{7}{128}w^{n+1}_{i,nzt-5/2} \quad (4.57)$$

考虑到 $g(\eta^{n+1}_i-z_{nzt})=g(\overline{\eta}^{n+1}_i-z_{nzt})+\overline{q}^{n+1}_{i,nzt}$,将式(4.57)代入式(4.56)有

$$P_i p^{n+1}_{i,nzt}=P_i g(\overline{\eta}^{n+1}_i-z_{nzt})+P_i\overline{q}^{n+1}_{i,nzt}+\frac{1}{2}\sum_{l}^{S_i}N_l l_{j(i,l)}\Delta z^{UW}_{j(i,l),nzt}N^{n}_{j(i,l),nzt}U^{n}_{j(i,l),nzt}+$$

$$P_i\Delta z_{i,j,nzt}\frac{77w^{n+1}_{i,nzt+1/2}+77w^{n+1}_{i,nzt-1/2}-33w^{n+1}_{i,nzt-3/2}-7w^{n+1}_{i,nzt-5/2}-128w^{n}_{i,nzt}}{256\Delta t}+$$

$$P_i(w^{n}_{i,nzt+1/2})^2-P_i(w^{n}_{i,nzt})^2 \quad (4.58)$$

对连续性方程(4.1)采用半隐式的有限体积法离散有

$$P_i(w^{n+\theta}_{i,k+1/2}-w^{n+\theta}_{i,k-1/2})+\sum_{j=1}^{n_j}l_{is(i,j)}N_j\Delta z^{UW}_{is(i,j)}U^{n+\theta}_{is(i,j),k}=0 \quad (4.59)$$

$$k=nzb,\cdots,nzt-1$$

对水位演化方程(4.10),采用半隐式的有限体积法离散有

$$P_i\eta^{n+1}_i=P_i\eta^{n}_i-\Delta t\theta\sum_{j=1}^{n_j}\left[l_{is(i,j)}N_j\sum_{k=nzb}^{nzt}U^{n+1}_{is(i,j),k}\Delta z^{UW}_{is(i,j),k}\right]-$$

$$\Delta t(1-\theta)\sum_{j=1}^{n_j}\left[l_{is(i,j)}N_j\sum_{k=nzb}^{nzt}U^{n}_{is(i,j),k}\Delta z^{UW}_{is(i,j),k}\right] \quad (4.60)$$

在底部采用不透水边界有 $w^{n+\theta}_{i,nzb-1/2}=0$,并利用方程(4.59)各层相加并代入方程(4.60)有

$$P_i\eta_i^{n+1}=P_i\eta_i^n-\Delta t\theta\sum_{j=1}^{n_j}\left[l_{ib(i,j)}N_jU_{is(i,j),nzt}^{n+1}\Delta z_{is(i,j),nzt}^{UW}\right]+\Delta t\theta P_iw_{i,nzt-1/2}^{n+1}-$$

$$\Delta t(1-\theta)\sum_{j=1}^{n_j}\left[l_{is(i,j)}N_j\sum_{k=nzb}^{nzt}U_{is(i,j),k}^n\Delta z_{is(i,j),k}^{UW}\right]\tag{4.61}$$

将式(4.58)代入式(4.61)可得表层非静压修正项$\bar{q}_{i,nzt}^{n+1}$的方程如下

$$\bar{q}_{i,nzt}^{n+1}=f_1\sum_l^{S_i}U_{j(i,l),nzt}^{n+1}+f_2w_{i,j,nzt+1/2}^{n+1}+f_3w_{i,j,nzt-1/2}^{n+1}+f_4w_{i,j,nzt-3/2}^{n+1}+f_5w_{i,j,nzt-5/2}^{n+1}+f_6\tag{4.62}$$

上式中f_1,f_2,f_3,f_4,f_5和f_6为与已知变量相关的常系数。

分别将式(4.50)和式(4.51)代入式(4.59)得到除表层外的非静压修正项$\bar{q}_{i,k}^{n+1}$的方程为

$$\Delta t^2\theta^2g\left[\sum_{j=1}^{n_j}\left[l_{is(i,j)}N_j\Delta z_{j,k}\frac{(\bar{q}_{je(j,1),k}^{n+1}-\bar{q}_{je(j,2),k}^{n+1})}{\delta_j}\right]+P_i\left(\frac{(\bar{q}_{i,k}^{n+1}-\bar{q}_{i,k+1}^{n+1})}{\Delta z_{i,k+1/2}}-\frac{(\bar{q}_{i,k-1}^{n+1}-\bar{q}_{i,k}^{n+1})}{\Delta z_{i,k-1/2}}\right)\right]$$

$$=\Delta t\theta P_ig(\bar{w}_{i,k-1/2}^{n+1}-\bar{w}_{i,k+1/2}^{n+1})+\Delta t(1-\theta)P_ig(\bar{w}_{i,k-1/2}^{n+1}-\bar{w}_{i,k+1/2}^{n+1})-$$

$$(1-\theta)\Delta tg\sum_{j=1}^{n_j}l_{is(i,j)}N_j\Delta z_{is(i,j),k}U_{jb(i,j),k}^n-\theta\Delta tg\sum_{j=1}^{n_j}l_{is(i,j)}N_j\Delta z_{is(i,j),k}\bar{U}_{is(i,j),k}^{n+1}\tag{4.63}$$

式(4.62)、式(4.63)形成关于非静压修正变量$\bar{q}_{i,k}^{n+1}$的线性稀疏方程组，本文采用预条件 Bi-CGSTAB 方法求解该压力方程组，预优矩阵同样采用不完全 Cholesky 分解获得。

当非静压修正项求解出以后，水平法向流速和垂向流速分别由式(4.50)和式(4.51)求得。最后，新的水位由式(4.60)求得。

以上求解方法也适用于模拟存在干湿界面的流动问题。在每一时间步，在多边形的边上新的水深H_j^{n+1}有下式计算：

$$H_j^{n+1}=\max[0,h_j+\eta_{je(j,1)}^{n+1},h_j+\eta_{je(j,2)}^{n+1}]\tag{4.64}$$

新时刻的垂向网格尺度$\Delta z_{j,k}^{n+1}$相应的作出调整，当总水深H_j^{n+1}为零时，表示单元$je(j,1)$和$je(j,2)$为干，相应的速度为零，当H_j^{n+1}大于零时，单元为湿，按以上方法求解。

4.3.3　紊流方程离散

采用有限体积法离散标准 k-ε 方程,对紊动动能方程离散有

$$\frac{\Delta z_{i,k}^{n+1}k_{i,k}^{n+1}-\Delta z_{i,k}^{n}k_{i,k}^{n}}{\Delta t}=I(k_{i,k}^{n})-\frac{1}{P_i}\sum_{j}^{N_s}[\theta u_{j,k}^{n+1}+(1-\theta)u_{j,k}^{n}]k_{j,k}^{n}\Delta z_{j,k}^{uw}N_jl_j-$$
$$\theta(w_{i,k+1}^{n+1}k_{i,k+1/2}^{n+1}-w_{i,k}^{n+1}k_{i,k-1/2}^{n+1})-(1-\theta)(w_{i,k+1}^{n}k_{i,k+1/2}^{n}-w_{i,k}^{n}k_{i,k-1/2}^{n})+$$
$$\theta D_kk_{i,k}^{n+1}+(1-\theta)D_kk_{i,k}^{n}+\Delta z_{i,k}^{n}\left[c_\mu\frac{(k_{i,k}^{n})^2}{\varepsilon_{i,k}^{n}}G_{i,k}^{n}-\varepsilon_{i,k}^{n}\frac{k_{i,k}^{n+1}}{k_{i,k}^{n}}\right] \tag{4.65}$$

式中,D_k 为垂向紊动动能扩散项离散算子;$I(k_{i,k}^{n})$ 为水平扩散项采用 Adams-Bashforth 离散算子,由下式给出

$$I(k_{i,k})=\frac{1}{P_i}\sum_{j}^{N_s}\frac{(\nu^H)_{j,k}}{\delta_j}(k_{i(j,2),k}-k_{i(j,1),k})\Delta z_{j,k}^{uw}N_jl_j \tag{4.66}$$

对紊动能耗散率方程离散有

$$\frac{\Delta z_{i,k}^{n+1}\varepsilon_{i,k}^{n+1}-\Delta z_{i,k}^{n}\varepsilon_{i,k}^{n}}{\Delta t}=J(\varepsilon_{i,k}^{n})-\frac{1}{P_i}\sum_{j}^{N_s}[\theta u_{j,k}^{n+1}+(1-\theta)u_{j,k}^{n}]\varepsilon_{j,k}^{n}\Delta z_{j,k}^{uw}N_jl_j-$$
$$\theta(w_{i,k+1}^{n+1}\varepsilon_{i,k+1/2}^{n+1}-w_{i,k}^{n+1}\varepsilon_{i,k-1/2}^{n+1})-(1-\theta)(w_{i,k+1}^{n}\varepsilon_{i,k+1/2}^{n}-w_{i,k}^{n}\varepsilon_{i,k-1/2}^{n})+$$
$$\theta D_\varepsilon\varepsilon_{i,k}^{n+1}+(1-\theta)D_\varepsilon\varepsilon_{i,k}^{n}+\Delta z_{i,k}^{n}\left(c_1\frac{\varepsilon_{i,k}^{n}}{k_{i,k}^{n}}G_{i,k}^{n}-c_2\frac{\varepsilon_{i,k}^{n}}{k_{i,k}^{n}}\varepsilon_{i,k}^{n+1}\right) \tag{4.67}$$

式中,D_ε 为垂向紊动耗散率扩散项离散算子;$I(k_{i,k}^{n})$ 为水平扩散项采用 Adams-Bashforth 离散算子,由下式给出

$$J(\varepsilon_{i,k})=\frac{1}{P_i}\sum_{j}^{N_s}\frac{(\nu^H)_{j,k}}{\delta_j}(\varepsilon_{i(j,2),k}-\varepsilon_{i(j,1),k})\Delta z_{j,k}^{uw}N_jl_j \tag{4.68}$$

4.4　数值求解过程

(1)给定初始条件,并由初始水位 η 确定 nzb,nzt。

(2)通过预处理的共轭梯度法,求解关于$\overline{\eta}_i^{n+1}$ 的线性方程组(4.20)。

(3)通过求解动量方程式(4.42)和式(4.46),得到预测的速度场($\overline{U}_{j,k}^{n+1}$,$\overline{w}_{i,k}^{n+1}$)。

(4)通过求解压力修正项的式(4.62)和式(4.63),求得$\overline{q}_{i,k}^{n+1}$。

(5)将$\overline{q}_{i,k}^{n+1}$代入式(4.50)和式(4.51)求得($U_{j,k}^{n+1}$,$w_{i,k}^{n+1}$)。

(6)通过求解式(4.60)求得新时刻水位 η_i^{n+1}。

(7)通过求解紊流方程式(4.65)和式(4.67),计算 $k_{i,k}^{n+1}$和 $\varepsilon_{i,k}^{n+1}$,然后通过 $\nu_T^{n+1}=c_\mu \frac{k^2}{\varepsilon}$计算紊动涡黏系数。

(8)以新时刻计算结果作为初值返回第(2)步,进行下一时刻的计算,直到整个计算过程结束。如果是静压模型,求解过程仅仅包括上面的(1)、(2)、(3)、(7)和(8)步。

求解流程如图 4.4 所示。

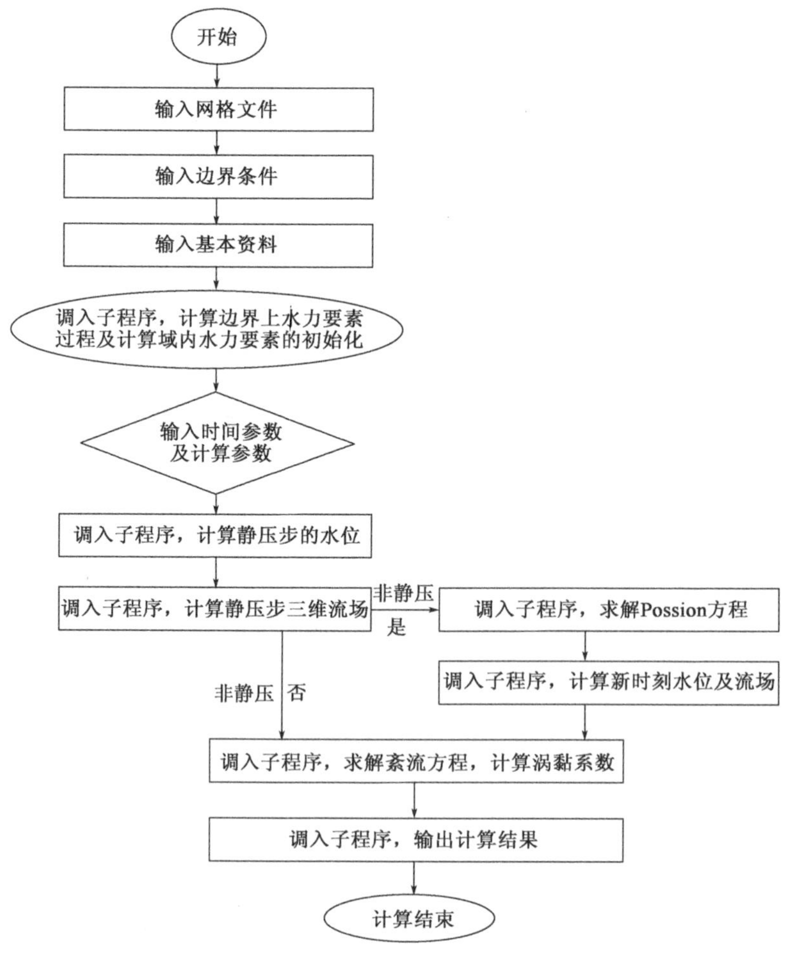

图 4.4　完全三维自由表面流动数学模型计算流程图

$$
\boldsymbol{A}_j^n = \begin{bmatrix} \Delta t\gamma_t + \upsilon_{j,nzt-1} + \Delta z_{j,nzt} & -\upsilon_{j,nzt-1} & & \\ -\upsilon_{j,k+1/2} & \upsilon_{j,k-1/2} + \Delta z_{j,k} + \upsilon_{j,k+1/2} & -\upsilon_{j,k-1/2} & \\ \vdots & \vdots & \vdots & \vdots \\ & & -\upsilon_{j,nzb+1/2} & \Delta z_{j,nzb} + \Delta t\gamma_b + \upsilon_{j,nzb+1/2} \end{bmatrix}
$$

$$
\boldsymbol{G}_j^n = \begin{bmatrix} \Delta z_{j,nzt} F(u_{j,nzt}^n) + \Delta t\gamma_t u_a - \dfrac{\Delta t(1-\theta)\Delta z_{j,nzt}}{\delta_j}\left[g(\eta_{je(j,2)}^n - \eta_{je(j,1)}^n) + (q_{je(j,2),nzt}^n - q_{je(j,1),nzt}^n)\right] - \dfrac{\Delta t\,(\Delta z_{j,nzt})^2}{2\rho_0\delta_j}(\rho_{je(j,2),nzt}^n - \rho_{je(j,1),nzt}^n) \\ \Delta z_{j,k} F(u_{j,k}^n) - \dfrac{\Delta t(1-\theta)\Delta z_{j,k}}{\delta_j}\left[(\eta_{je(j,2)}^n - \eta_{je(j,1)}^n) + (q_{je(j,2),k}^n - q_{je(j,1),k}^n)\right] - \dfrac{\Delta t\Delta z_{j,k}}{\rho_0\delta_j}\left[\sum_{l=k}^{nzt_j}\Delta z_{j,l}(\rho_{je(j,2),l}^n - \rho_{je(j,1),l}^n) - \dfrac{\Delta z_{j,k}}{2}(\rho_{je(j,2),k}^n - \rho_{je(j,1),k}^n)\right] \\ \Delta z_{j,nzb} F(u_{j,nzb}^n) - \dfrac{\Delta t(1-\theta)\Delta z_{j,nzb}}{\delta_j}\left[g(\eta_{je(j,2)}^n - \eta_{je(j,1)}^n) + (q_{je(j,2),nzb}^n - q_{je(j,1),nzb}^n)\right] - \dfrac{\Delta t\Delta z_{j,nzb}}{\rho_0\delta_j}\left[\sum_{l=nzb}^{nzt_j}\Delta z_{j,l}(\rho_{je(j,2),l}^n - \rho_{je(j,1),l}^n) - \dfrac{\Delta z_{j,nzb}}{2}(\rho_{je(j,2),nzb}^n - \rho_{je(j,1),nzb}^n)\right] \end{bmatrix}
$$

第5章　三维非静压数学模型的检验与应用

本章首先通过几个经典算例建立的数学模型进行检验，包括：①三维线性驻波；②规则波在潜堤上的传播；③椭圆形浅滩上波浪的传播；④航槽三维流动。最后通过计算长江江心洲水道水流运动对模型进一步的检验。通过数学模型的计算值与实测值的对比验证了本文建立的模型的可靠性。

5.1　三维线性驻波

通过这个算例比较静压模型和上一章提到的顶层采用不同压力处理模型对计算精度和计算效率的影响，其中静压模型垂向分为20层，简单平均顶层压力处理的非静压模型也在垂向分为20层，采用具有三阶精度的顶层压力处理的非静压模型在垂向分5层。

在给定的长 $L=10\text{m}$，宽 $W=10\text{m}$，水深 $H=10\text{m}$ 的三维封闭水池内，初始速度为零且初始水位（图5.1）为：

$$\eta(x,y,t=0)=A\cos(k_x x)\cos(k_y y) \tag{5.1}$$

式中，振幅 $A=0.1\text{m}$，$A/H=0.01$；k_x 和 k_y 分别为 x 和 y 方向的波数，且 $k_x=\pi/L$，$k_y=\pi/W$，总波数 $k=\sqrt{k_x^2+k_y^2}=0.44$，由色散关系可得相应的波周期 $T=3.01\text{s}$。水位和速度的解析解由微幅波理论可得：

$$\eta(x,y)=A\cos(k_x x)\cos(k_y y)\cos\left(\frac{2\pi}{T}t\right) \tag{5.2}$$

$$u=\frac{Agk_x}{\omega}\frac{\cosh[k(h+z)]}{\cosh(kh)}\sin(k_x x)\cos(k_y y)\sin(\omega t) \tag{5.3}$$

$$v=\frac{Agk_y}{\omega}\frac{\cosh[k(h+z)]}{\cosh(kh)}\cos(k_x x)\sin(k_y y)\sin(\omega t) \tag{5.4}$$

$$w = \frac{Agk}{\omega}\frac{\cosh[k(h+z)]}{\cosh(kh)}\cos(k_x x)\cos(k_y y)\sin(\omega t) \tag{5.5}$$

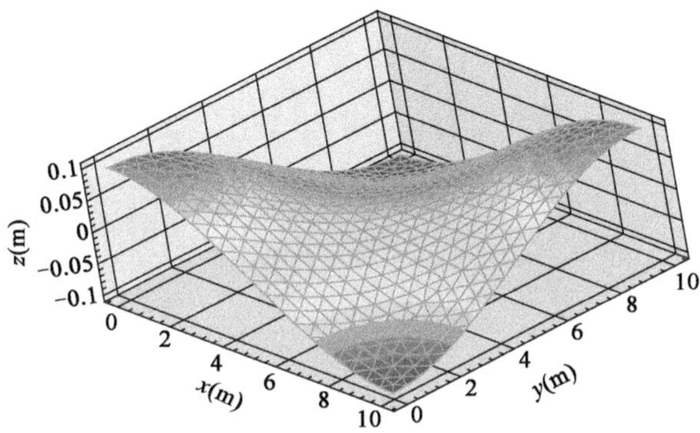

图5.1 三维区域中的初始水位

水平区域也采用由1022个三角形单元覆盖,时间步长采用 $\Delta t = 0.01\mathrm{s}$。图5.2和图5.3分别为 $(x,y) = (0.25\mathrm{m}, 0.25\mathrm{m})$ 和 $(x,y) = (2.5\mathrm{m}, 2.5\mathrm{m})$ 处分别采用静压模型和采用不同顶层压力处理方法的非静压数学模型计算水位与解析解的对比,从图中可以看出,即使在垂向采用20层,静压模型也无法给出满意的计算结果,这主要是由于对于短波驱动问题,波长相对于水深来讲并不是小量,静压假设不再成立,所以静压模型不适用于这类问题。简单平均顶层压力处理模型在垂向需要分20层才能获得较为满意的计算精度,但当垂向采用5层时,在前5个周期的计算值与解析解吻合的还可以,在后5个周期内就发生频散,而采用本研究建立的具有三阶精度的顶层压力处理模型在垂向分5层就能取得较为满意的结果,大大提高的计算效率。

此外,图5.4~图5.6分别为速度 u、v 和 w 的具有三阶精度的顶层压力处理非静压计算结果与解析解的比较,从图中可以看出,计算解与解析解吻合较好。

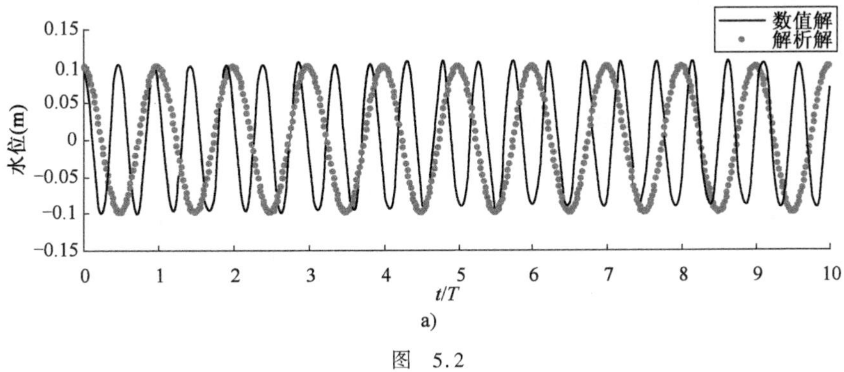

图 5.2

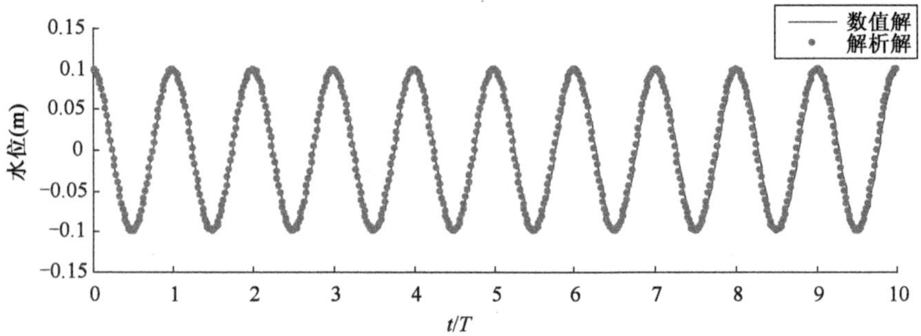

b)

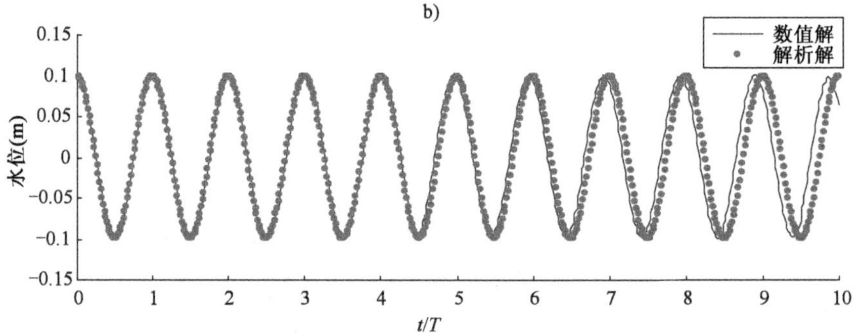

c)

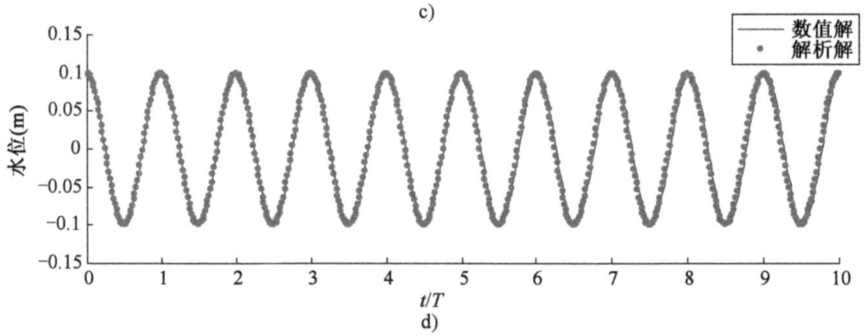

d)

图 5.2　$(x,y)=(0.25\mathrm{m},0.25\mathrm{m})$处计算水位与解析解的对比图

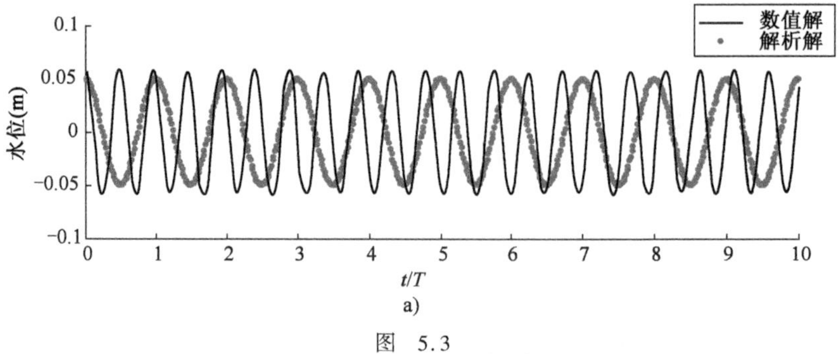

a)

图　5.3

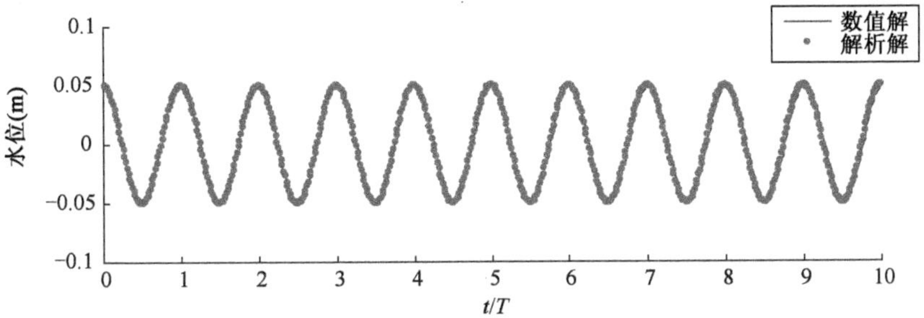

b)

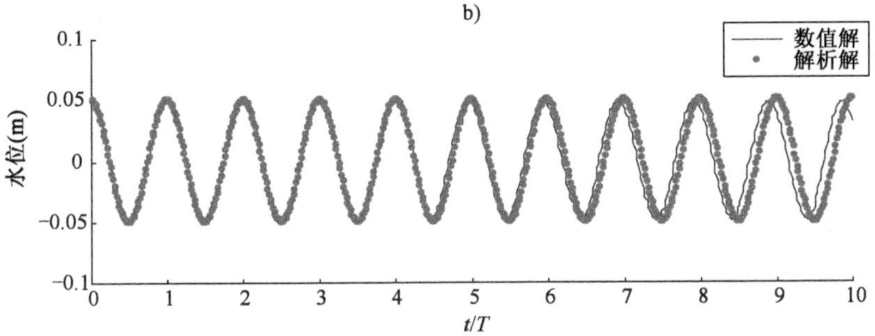

c)

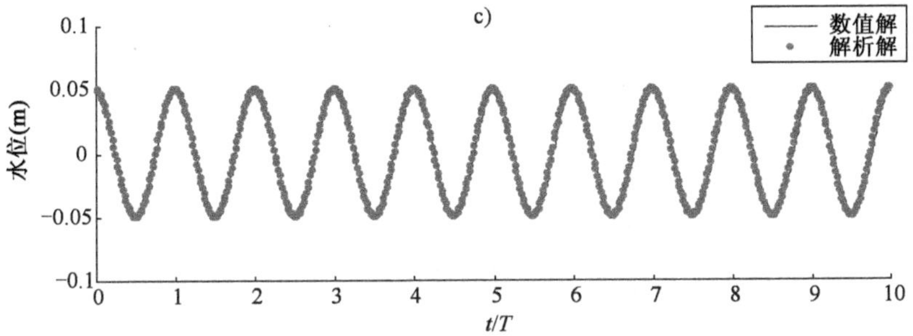

d)

图 5.3　$(x,y)=(2.5\text{m},2.5\text{m})$处计算水位与解析解的对比图

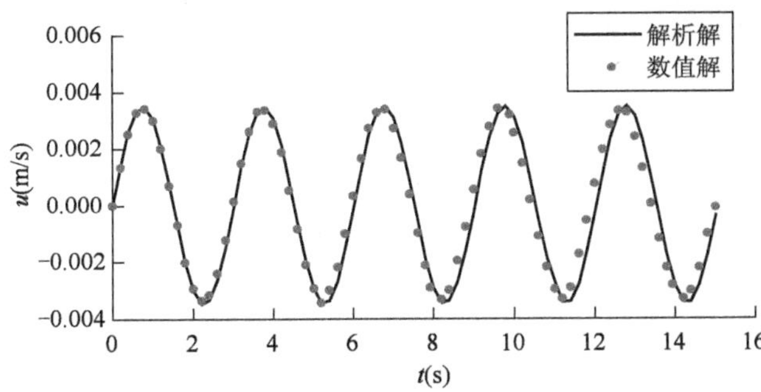

图 5.4　在$(x,y,z)=(3.75\text{m},1.125\text{m},1.25\text{m})$处速度 u 的非静水压力模式数值解与解析解的比较

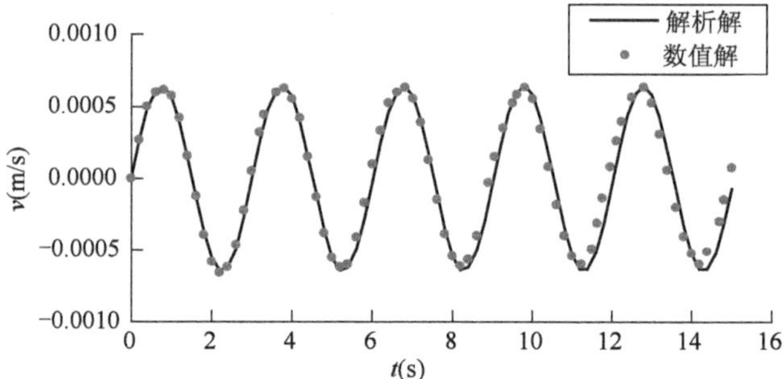

图 5.5　在$(x,y,z)=(3.625\text{m},1.25\text{m},1.25\text{m})$处速度 v 的非静水压力模式数值解与解析解的比较

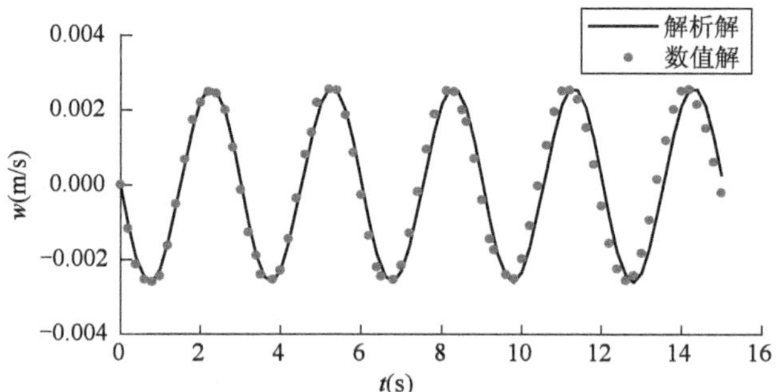

图 5.6　在$(x,y,z)=(3.625\text{m},1.125\text{m},2.5\text{m})$处速度 w 的非静水压力模式数值解与解析解的比较

5.2　规则波在浅堤上的传播

规则波在潜堤上的传播是一个复杂的过程，在潜堤前的常水深区域波浪以恒定速度传播而且保持波形不变，在潜堤的前坡，由于水深变浅，波浪非线性增强，高次谐波产生。在潜堤的后坡，随着水深的增加，波浪非线性减弱，高次谐波被释放出来。这一复杂过程的模拟经常被用于验证非静压自由表面流动数学模型。本文采用 Nadaoka 等的实验数据对模型做进一步的验证。

Nadaoka 的实验布置见图 5.7，整个计算域长为 35m，入射波周期 $T=1.5\text{s}$，波高 $H=2.0\text{cm}$。相对波高 $H/h=0.067$，相对水深 $kh=0.8$。

在入流边界处，通过给出入流流速的方式来产生入射波：

$$u_{\text{inflow}}=\frac{\omega H}{2kh}f_r\sin\omega t \tag{5.6}$$

式中，$\omega=2\pi/T$ 为角频率；f_r 用于防止由于初始入射波的不稳定产生相对较大的

振幅,按下式取值:

$$f_r = \frac{1}{2}\left(1 + \tanh\frac{t-3T}{T}\right) \tag{5.7}$$

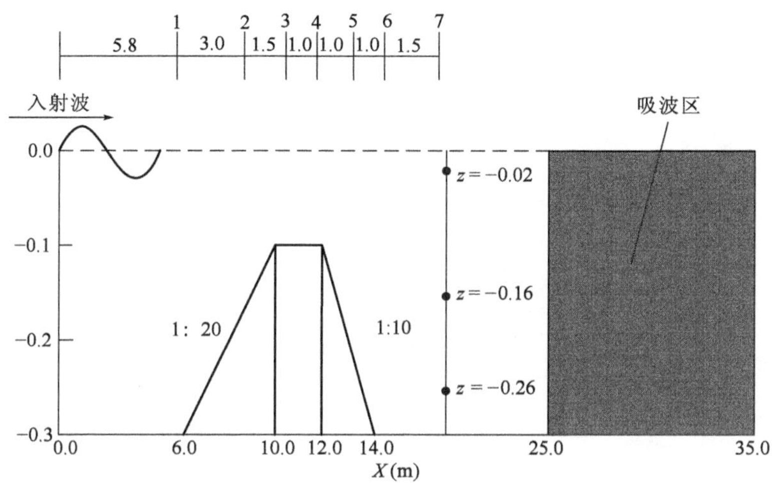

图 5.7 Nadaoka 的实验中波浪越过潜堤传播示意图以及测点布置

试验中测量了 7 个测点处波面的变化和第 7 个测点处的流速(水深分别为 0.02m、0.16m、0.26m)变化。数学模型的水平网格尺度取为 $\Delta x = 0.0125\text{m}$,垂向分 4 层,时间步长取 $\Delta t = 0.005\text{s}$,计算时间取 40s。

图 5.8 为其中 6 个测点处非静压模型的水位计算结果与实测值的比较。图 5.9 为第 7 个测点处非静压模型流速计算结果与实测值的比较。由图中可见,水位的计算结果与实测值吻合较好,而第 7 个测点处流速的计算值与实测值也较吻合,这说明了本文建立的非静压模型能较好模拟潜堤上波浪传播变形。

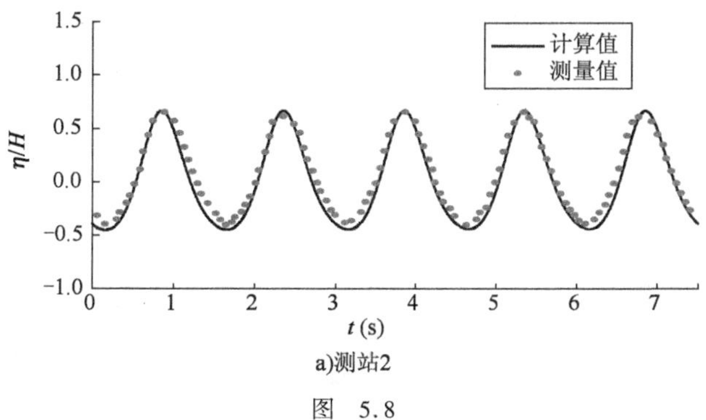

a)测站2

图 5.8

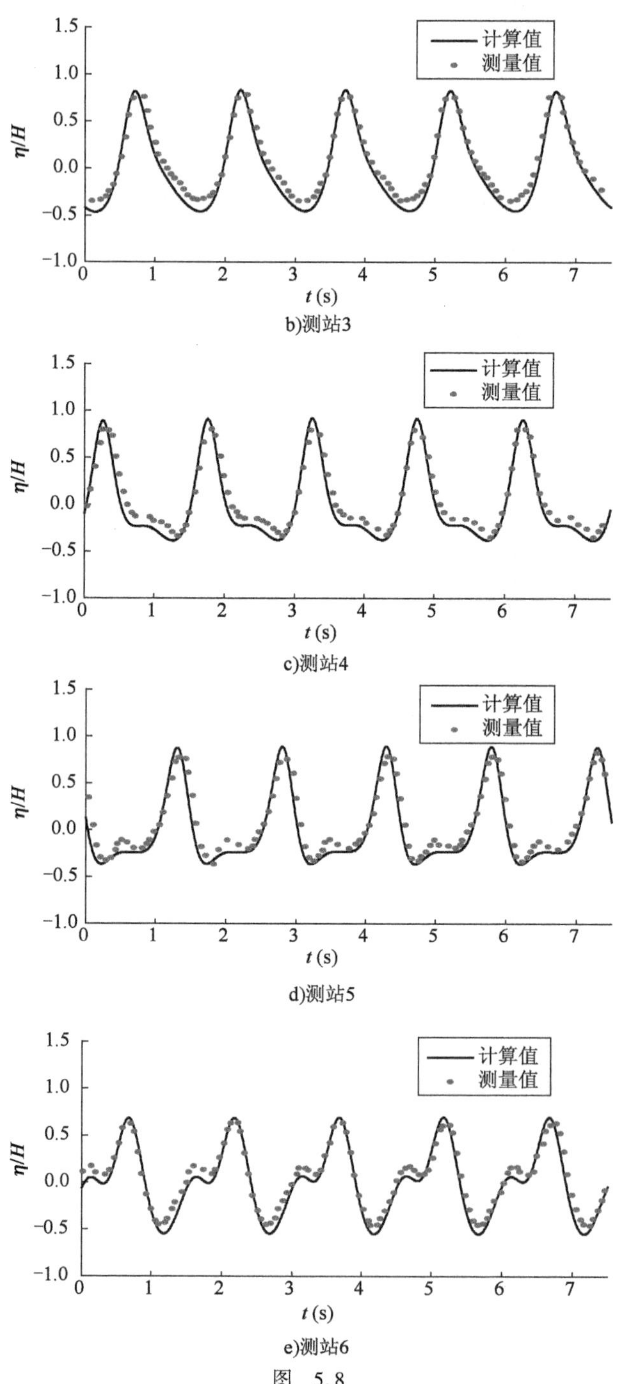

b)测站3

c)测站4

d)测站5

e)测站6

图 5.8

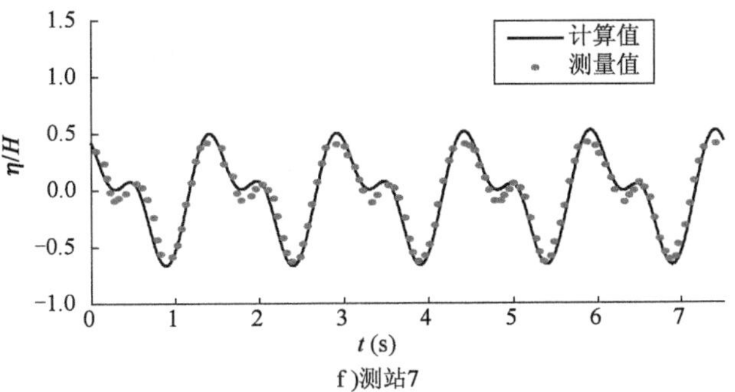

f)测站7

图5.8 六个测站处非静压模型的水位计算结果与实测值的比较

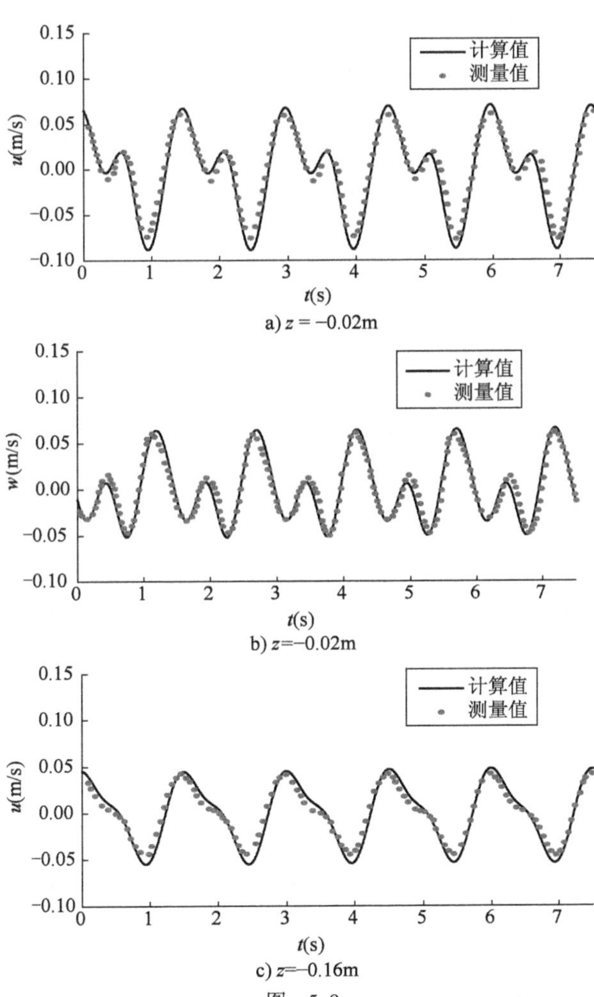

图 5.9

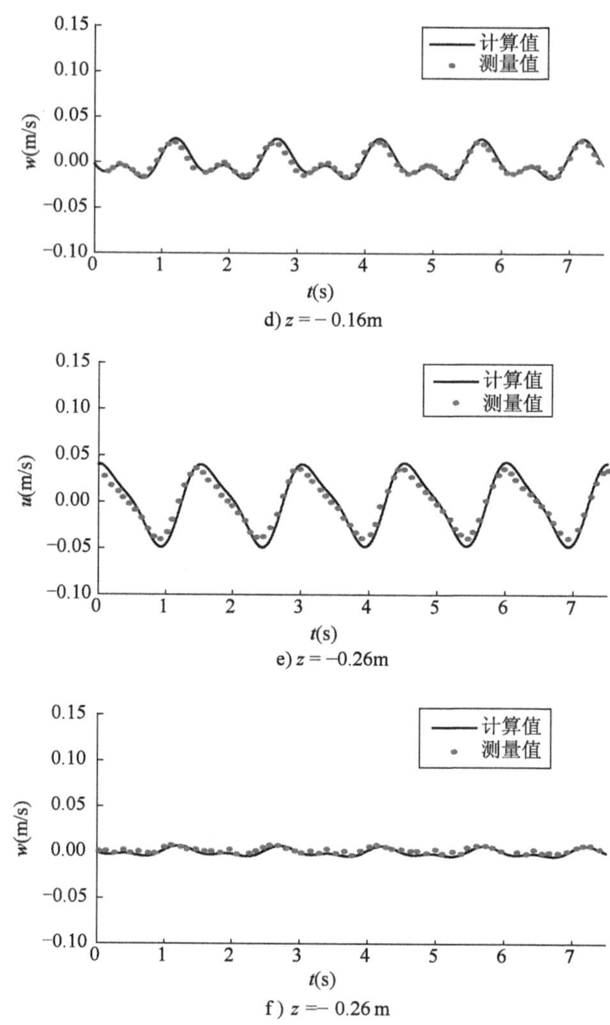

d) $z=-0.16\mathrm{m}$

e) $z=-0.26\mathrm{m}$

f) $z=-0.26\mathrm{m}$

图 5.9　第 7 测点处流速 u 和 w 的非静压计算结果与实测值的比较

5.3　椭圆形浅滩上波浪的传播

波浪通过椭圆形浅滩的传播变形是一类经典的算例，广泛地应用于验证各类数学模型模拟波浪浅化、非线性效应、折射、绕射等现象的能力。本文采用 Pengzhi Lin 的算例来验证模型模拟椭圆形浅滩上波浪的传播变形。

椭圆浅滩相对坐标系(x',y')与计算坐标系(x,y)的关系如下

$$x' = (x - x_0)\cos 20° + (y - y_0)\sin 20°$$
$$y' = (y - y_0)\cos 20° + (x - x_0)\sin 20° \tag{5.8}$$

式中，(x_0, y_0)是椭圆浅滩的中心。

浅滩位置以及测量断面的布置见图 5.10。椭圆形浅滩放置斜坡为 1:50 的矩形水池中，浅滩的中心位于坐标原点，其边界为

$$\left(\frac{x'}{4}\right)^2 + \left(\frac{y'}{3}\right)^2 = 1 \tag{5.9}$$

椭圆浅滩的厚度为

$$d = -0.3 + 0.5\sqrt{1 - \left(\frac{x'}{5}\right)^2 + \left(\frac{y'}{3.75}\right)^2} \tag{5.10}$$

斜坡区域中的水深 h_e 为：

$$h_e = \begin{cases} 0.45 - 0.02(5.84 - y') & y' < 5.84 \\ 0.45 & y' \geqslant 5.84 \end{cases} \tag{5.11}$$

在入流边界 $y = -10\mathrm{m}$ 处给出入射波。入射波波高 $H_0 = 4.64\mathrm{cm}$，波周期 $T_0 = 1.0\mathrm{s}$，相对水深 $kh_0 = 1.9$。在计算域的末端 $y = 18\mathrm{m}$ 处同样采用吸收层来减少反射。在 x 方向的网格尺度取为 $\Delta x = 0.05\mathrm{m}$，$y$ 方向网格尺度为 $\Delta y = 0.1\mathrm{m}$，垂向分 2 层，时间步长 $\Delta t = 0.01\mathrm{s}$。当计算达到 $t = 40\mathrm{s}$ 时结束计算，通过最后的五个周期的时间过程进行波高计算。

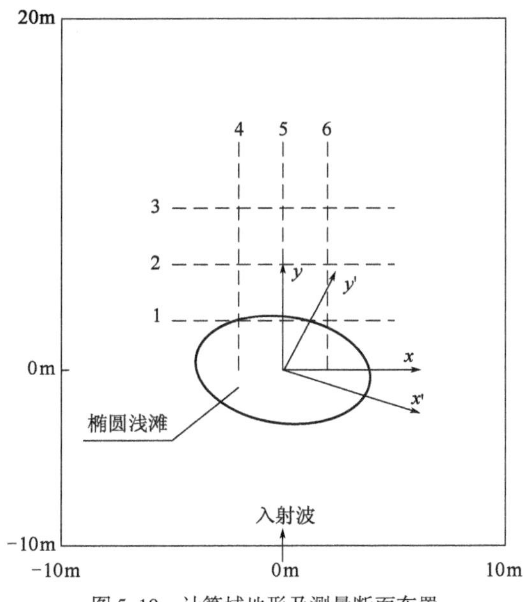

图 5.10 计算域地形及测量断面布置

图 5.11 为 6 个测量断面处($y = -3\text{m}, y = -5\text{m}, y = -9\text{m}, x = -2\text{m}, x = 0\text{m}, x = 2\text{m}$)相对波高($H/H_0$)的本文非静压模型的计算结果、Pengzhi Lin 采用的 Boussinesq 模型与实测值的比较。总体来讲,模型的计算结果与实测数据吻合的较好,说明模型模拟三维波浪传播变形的能力。

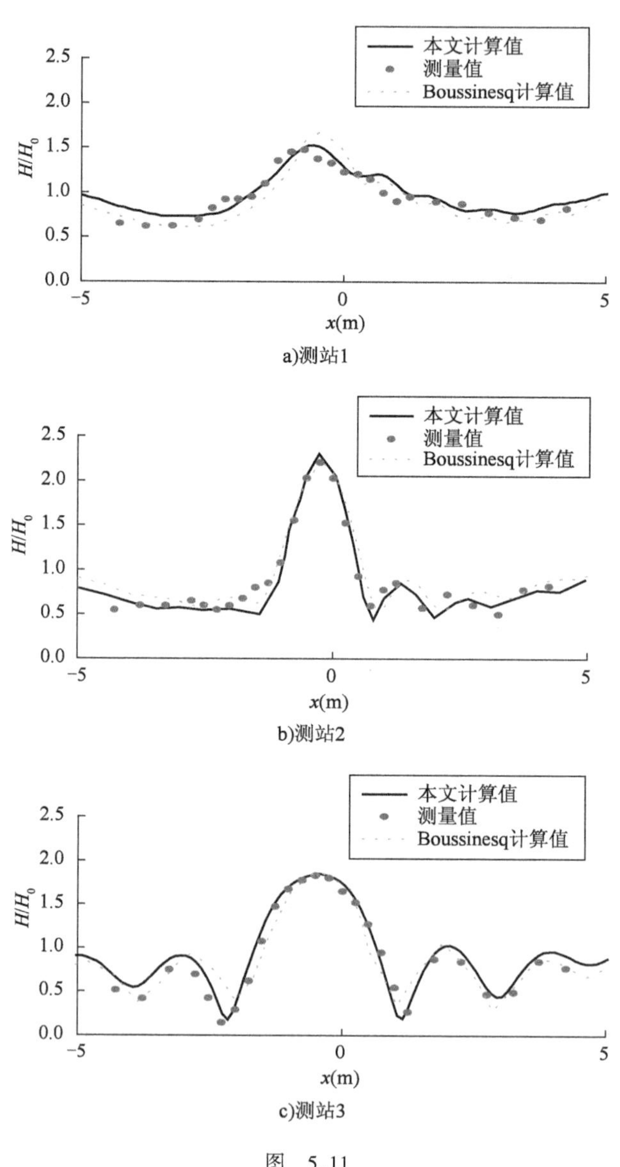

a)测站1

b)测站2

c)测站3

图 5.11

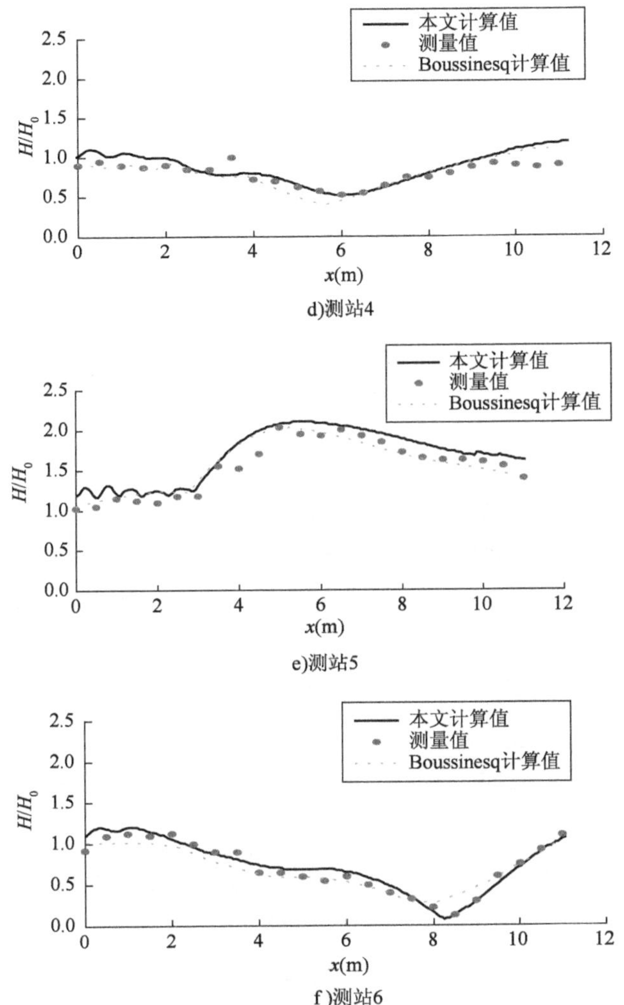

图 5.11 六个测量断面处相对波高的非静压计算结果与实测值的比较

5.4 航槽三维流动

航槽流动算例广泛地用来检验紊流模型，为了减少计算代价，本文采用长为 2.8 m，宽为 0.5 m 的航槽尺度作为验证算例，图 5.12 为航槽具体尺度和测点布置图。左侧为入流边界条件，右侧出流边界条件按控制水深为 0.2 m。渠底当量粗糙度取

$k_s = 0.002\text{m}$。整个计算域由 4526 个三角形单元覆盖，平均网格尺度为 0.05m，垂向共分 5 层。计算时间步长取 $\Delta t = 0.01\text{s}$。计算总时长达到 $t = 100\text{s}$ 时，流动达到稳定状态。

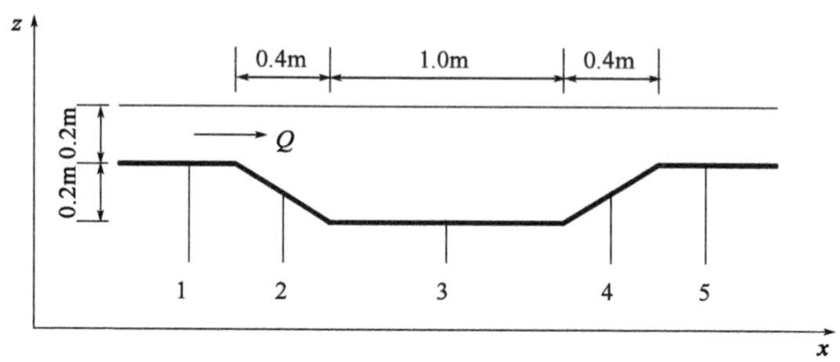

图 5.12　航槽的尺寸及测点布置

图 5.13 和图 5.14 分别为流动达到稳定状态时，静压和非静压计算流场的流线图，从图中可以看出在航槽内非静压模型比静压模型产生了更光滑的回流。图 5.15a) ~ e) 分别为 5 个测点处的静压和非静压计算的水平流速 u 值与测量值的比较，在测量点 2 处，在底坡面处因为有回流产生会导致反向的流速。从图中可以看出非静压的计算结果比静压的计算结果更准确。

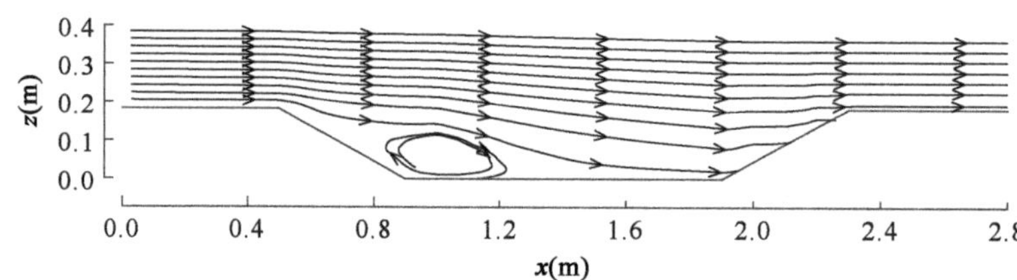

图 5.13　静压计算的流线图

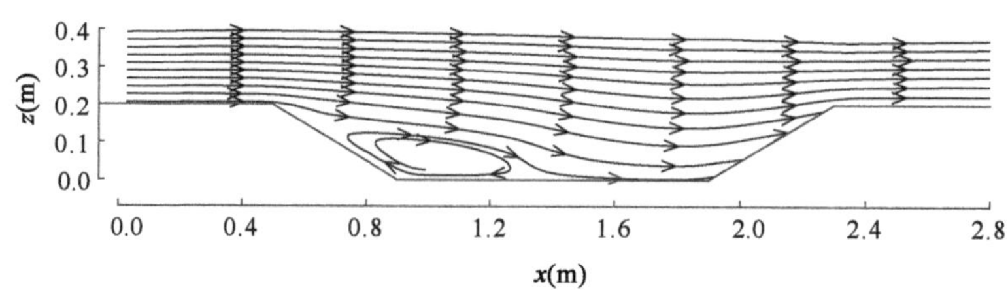

图 5.14　非静压计算的流线图

测量值
静压
非静压
z (m)
u(m/s)
0.40
0.35
0.30
0.25
0.20
0.00
0.25
0.50
0.75
1.00
a)
0.4
0.3
0.2
0.1
−0.25
b)
0.0
c)
d)

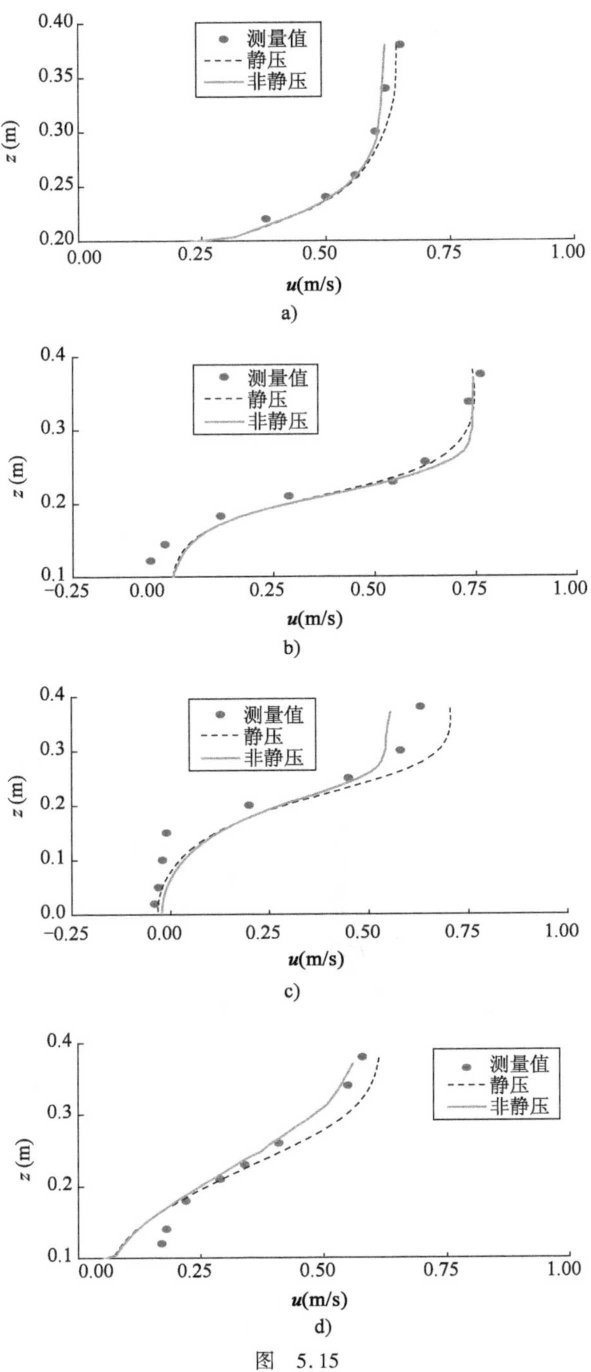

图　5.15

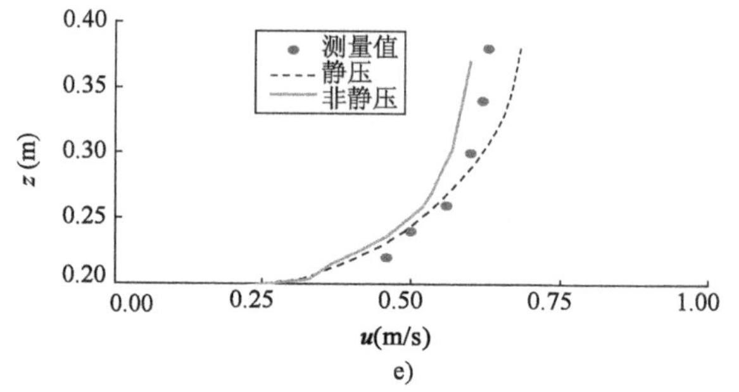

图 5.15　在测点处 x 方向的计算流速与测量值的比较

5.5　长江江心洲水道检验

江心洲水道位于长江下游，为分汊河段，选取江心洲水道的左汊(主汊)河段的水流流动对建立的三维模型做进一步的验证。水平计算域采用四边形网格离散，网格最小尺度为 3m，通过逐渐过渡方式加大网格尺度，最大网格尺度 10 m。整个平面范围内网格节点 88126 个，单元 87532 个，垂向分为 8 层。模型范围见图 5.16。

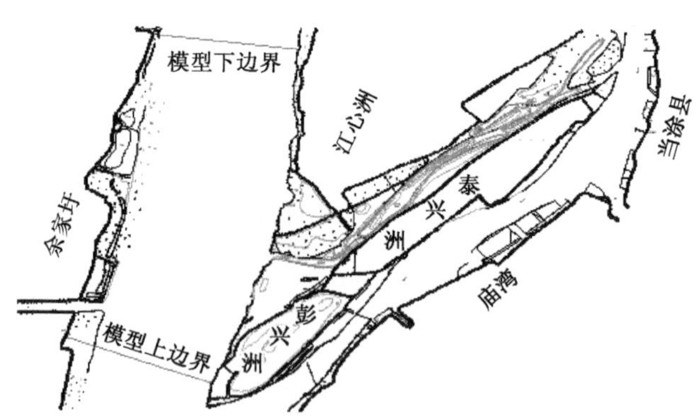

图 5.16　模型计算域示意图

分别采用洪、中、枯三级流量对模型进行验证，其中，枯水验证采用长江航道测量中心提供的 2013 年 3 月 3 日观测的水文资料，中水验证采用长江航道测量中心提供的 2012 年 5 月 6 日观测的水文资料，洪水验证采用长江航道测量中心提供的 2012 年 7 月 17 日观测的水文资料。

5.5.1　枯水验证

采用2013年3月3日观测的瞬时水位和流速沿垂向分布资料对模型进行水位和流速沿垂向分布验证，模型枯水验证试验的流量选用17160m^3/s。枯水水尺和测流点布测位置见图5.17。

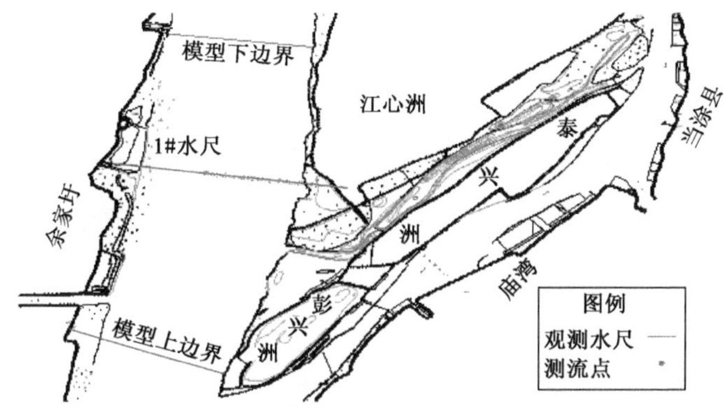

图5.17　枯水水尺布置示意图

(1)水位验证

原型与模型计算水位对比见表5.1。从水位验证结果看，枯水流量下原型实测水位与模型计算水位相比偏差在0.1m之内，符合规范要求。

枯水水位验证成果表($Q=17160m^3/s$)　　表5.1

水　尺	左岸(m)			右岸(m)		
	实测值	计算值	偏差	实测值	计算值	偏差
1#	2.665	2.631	-0.034	2.69	2.664	-0.026

(2)流速沿垂向分布验证

1#测流断面共布设11个流速测点(图5.17)，图5.18为各测点流速沿垂向分布的实测值与模型计算值比较图。

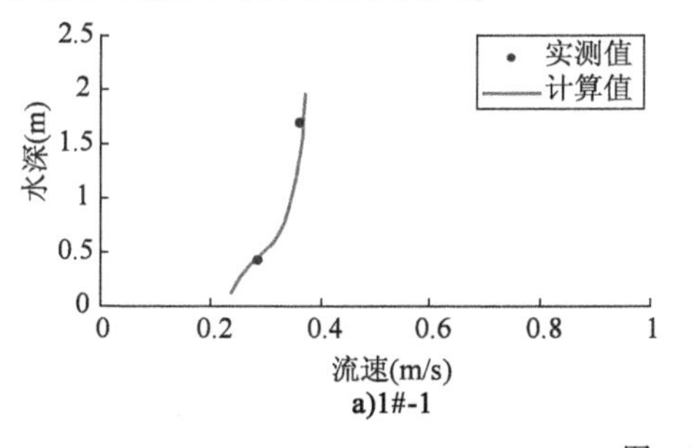

a)1#-1

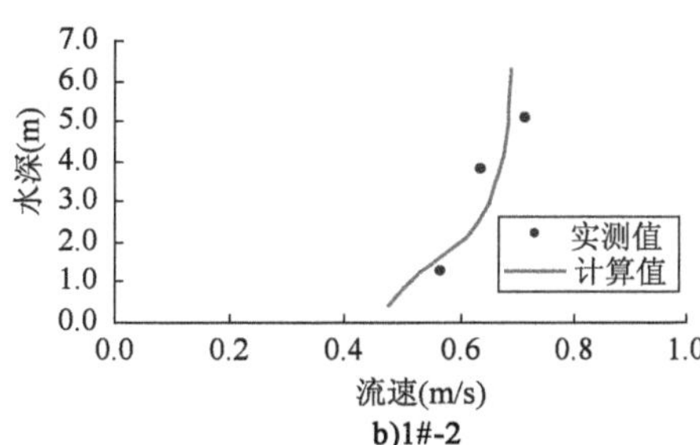

b)1#-2

图　5.18

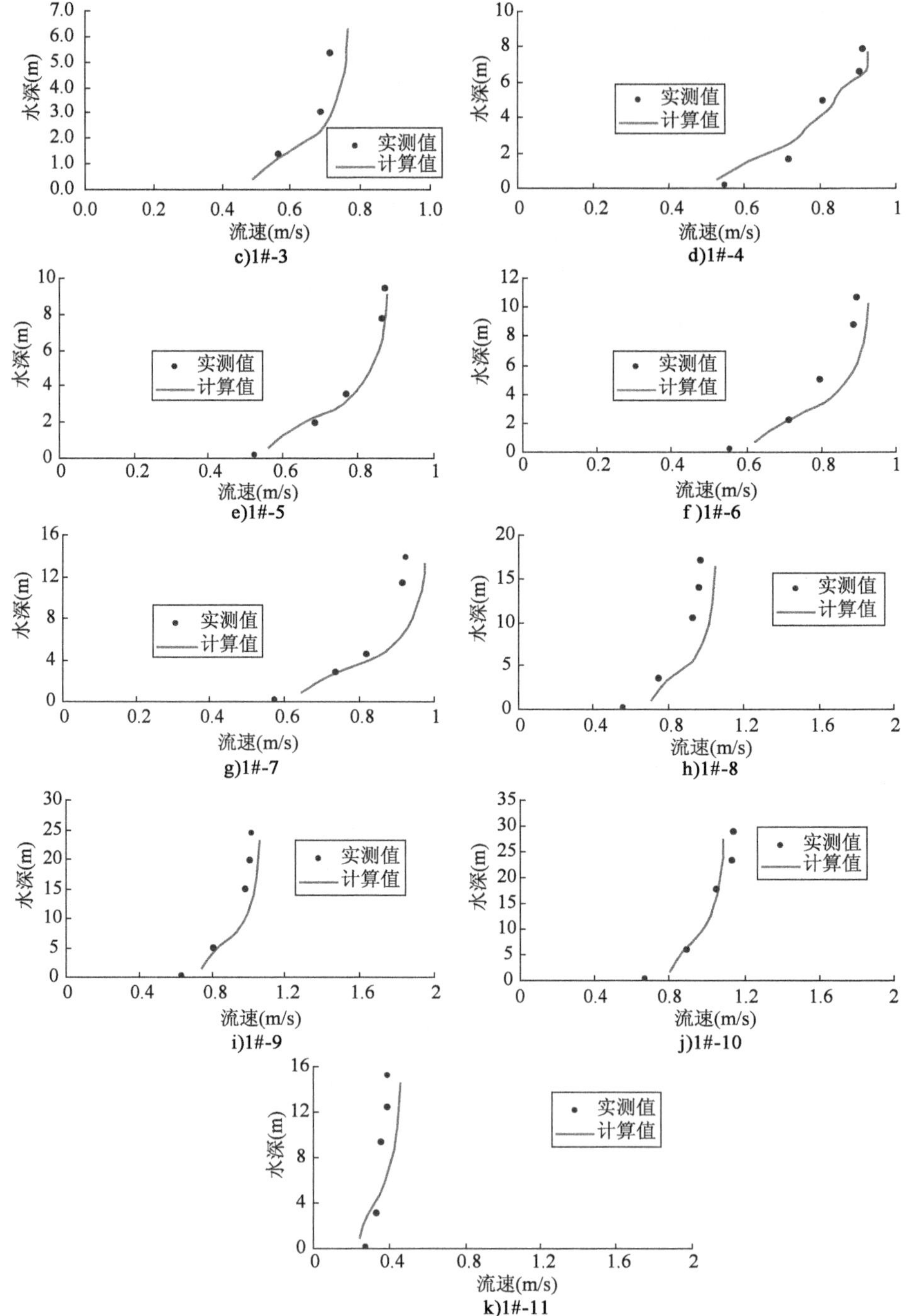

图 5.18　测点流速沿垂向分布验证($Q = 17160\text{m}^3/\text{s}$)

5.5.2 中水验证

采用2012年5月6日观测的瞬时水位和流速沿垂向分布资料对模型进行水位和流速沿垂向分布验证，模型中水验证试验的流量选用35300m³/s。图5.19为中水水尺和测流点布测图。

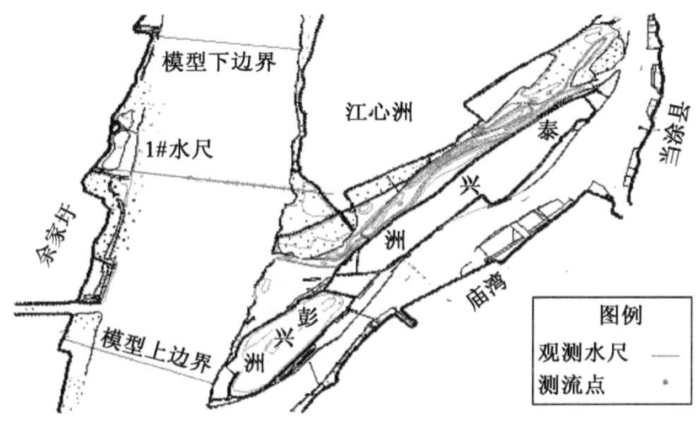

图5.19 中水水尺布置示意图

(1)水位验证

原型与模型计算水位对比见表5.2。从水位验证结果看，中水流量下原型实测水位与模型计算水位相比偏差在0.1m之内，符合规范要求。

枯水水位验证成果表($Q=35300m^3/s$) 表5.2

水尺	左岸(m)			右岸(m)		
	实测值	计算值	偏差	实测值	计算值	偏差
1#	5.760	5.713	-0.047	5.785	5.736	-0.049

(2)流速沿垂向分布验证

1#测流断面共布设11个流速测点(图5.19)，图5.20为各测点流速沿垂向分布的实测值与模型计算值比较图。

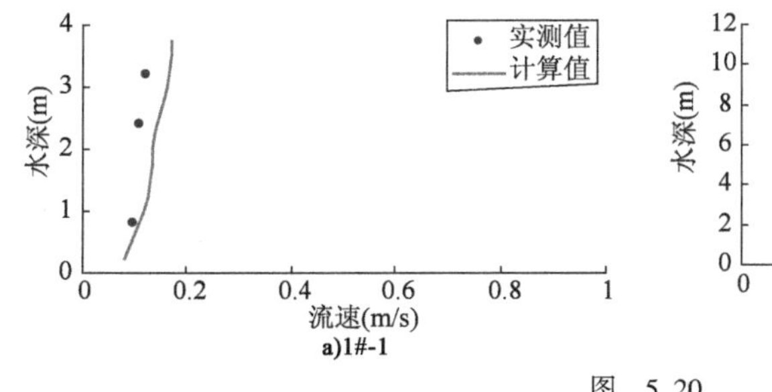

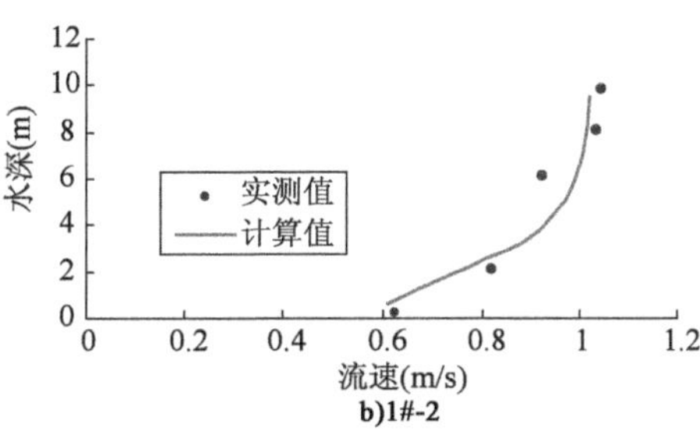

图 5.20

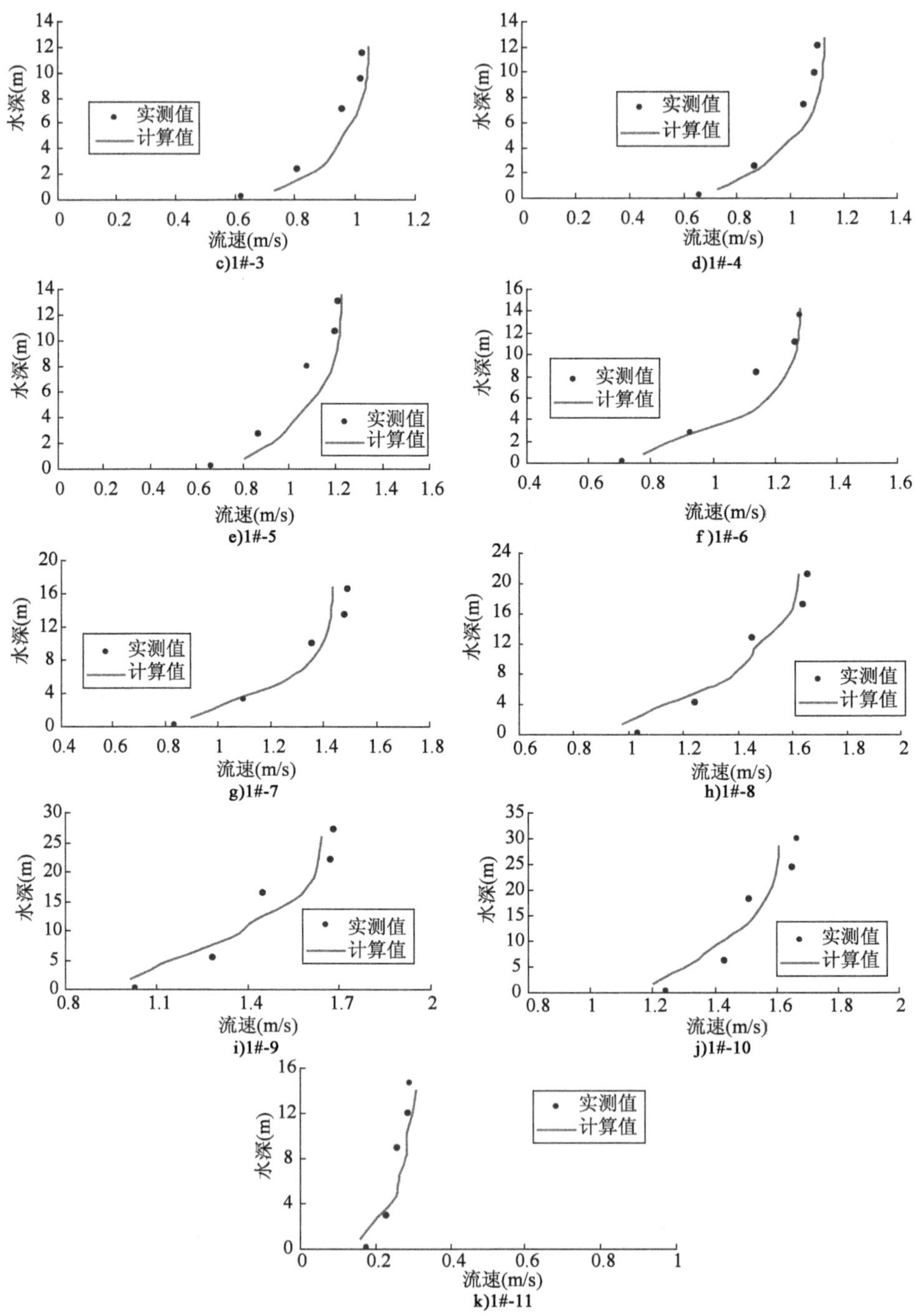

图 5.20　测点流速沿垂向分布验证($Q = 35300\mathrm{m}^3/\mathrm{s}$)

5.5.3 洪水验证

采用2012年7月17日观测的瞬时水位和流速沿垂向分布资料对模型进行水位和流速沿垂向分布验证,模型洪水验证试验的流量选用50000m^3/s。图5.21为洪水水尺和测流断面布测图。

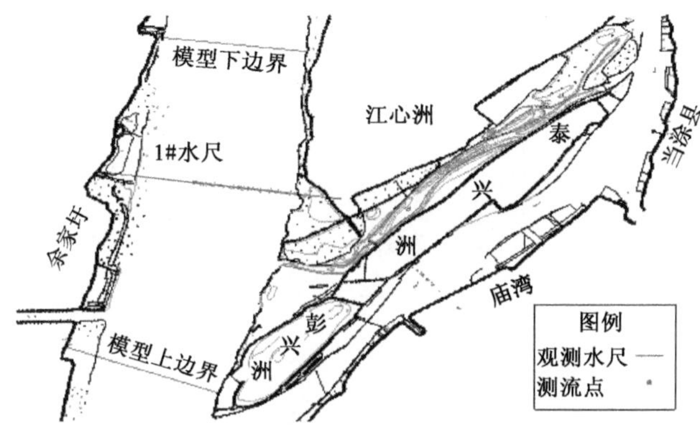

图5.21 洪水水尺布置示意图

(1)水位验证

原型与模型计算水位对比见表5.3。从水位验证结果看,洪水流量下原型实测水位与模型计算水位相比偏差在0.1m之内,符合规范要求。

枯水水位验证成果表($Q=50000m^3/s$) 表5.3

水尺	左岸(m)			右岸(m)		
	实测值	计算值	偏差	实测值	计算值	偏差
1#	5.760	5.713	-0.047	5.785	5.736	-0.049

(2)流速沿垂向分布验证

1#测流断面共布设15个流速测点(图5.21),图5.22为各测点流速沿垂向分布的实测值与模型计算值比较图。

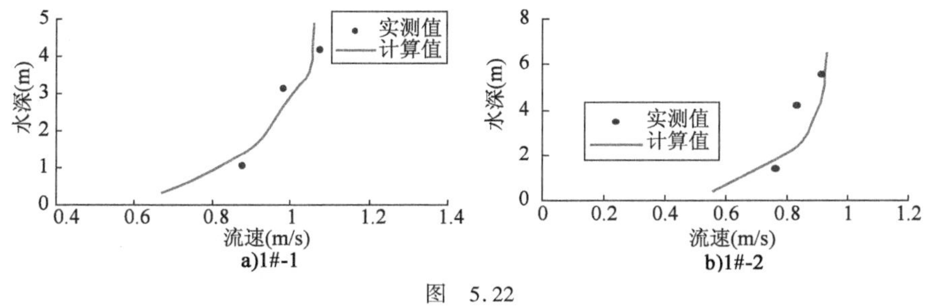

图 5.22

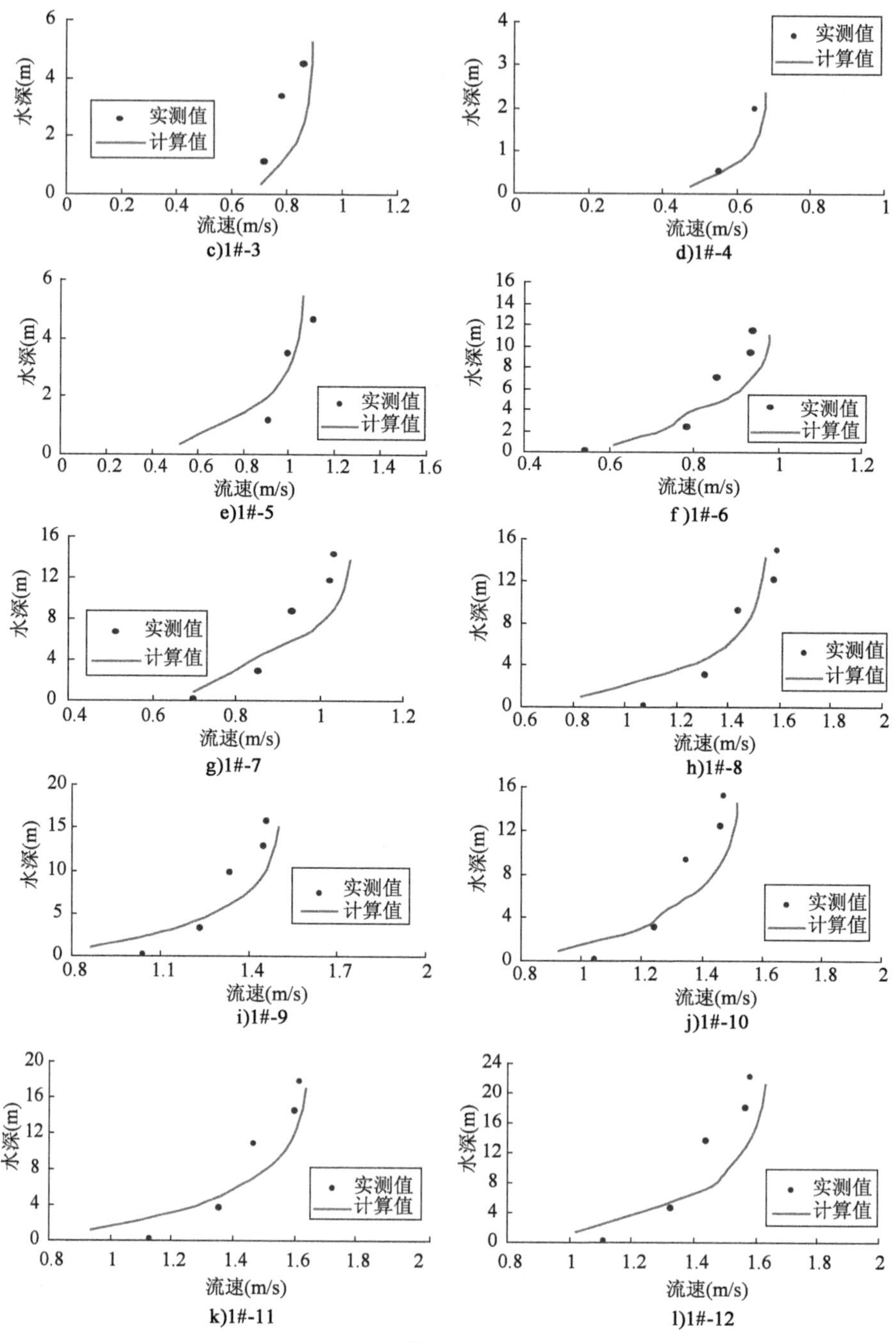

图 5.22

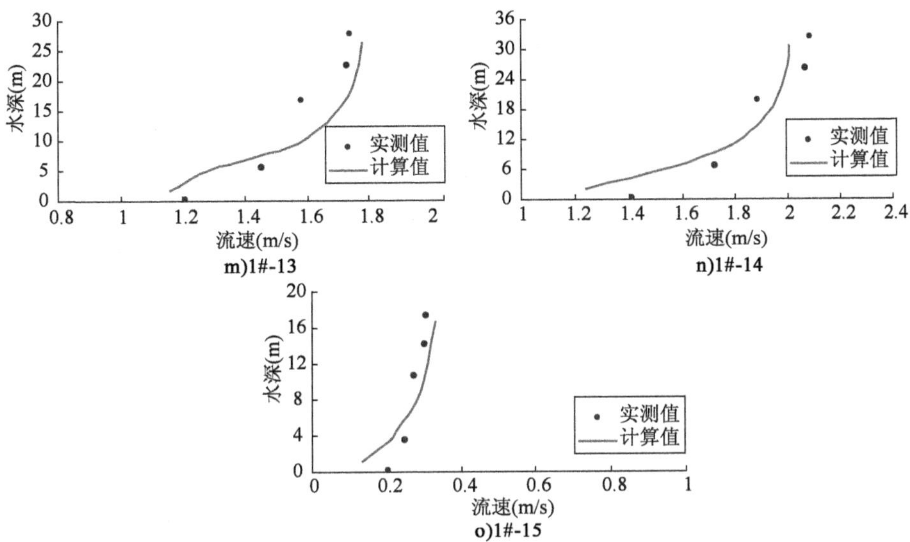

图 5.22 测点流速沿垂向分布验证($Q=50000\mathrm{m}^3/\mathrm{s}$)

验证结果表明,模型在水位及流速沿垂向分布规律和数值大小与原型基本吻合,表明模型具有较高的计算精度。

参考文献

[1] Alcrudo F, Garcia-Navarro P. A high-resolution Godunov-type scheme in finite volumes for the 2D shallow water equations[J]. International Journal for Numerical Methods in Fluids, 1993, 16(6): 489-505.

[2] Anastasiou K, Chan C T. Solution of the 2D shallow water equations using the finite volume method on unstructured triangular meshes[J]. International Journal for Numerical Methods in Fluids, 1997, 24(11): 1225-1245.

[3] Sleigh P A, Gaskell P H, Berzins M et al. An unstructured finite-volume algorithm for predicting flow in rivers and estuaries[J]. Computers & Fluids, 1998, 27(4): 479-508.

[4] Erduran K S, Kutija V, Hewett M. Performance of finite volume solutions to the shallow water equations with shock-capturing schemes[J]. International Journal for Numerical Methods in Fluids, 2002, 40(10): 1237-1273.

[5] 严镇军. 数学物理方程[M]. 合肥: 中国科学技术大学出版社, 2002.

[6] 杨景芳. 流体力学基础[M]. 大连: 大连理工大学出版社, 1994.

[7] 吴颂平, 刘赵淼. 计算流体力学基础及其应用[M]. 北京: 机械工业出版社, 2007.

[8] 施吉林, 张宏伟, 金光日. 计算机科学计算[M]. 北京: 高等教育出版社, 2005.

[9] Glaister P. Approximate Riemann solutions of shallow-water equations[J]. Journal of Hydraulic Research, 1988, 26(3): 293-306.

[10] Zhao D, Shen HW, Tabios GQ III, et al. Tan WY. Finite-volume two-dimensional unsteady-flow model for river basins[J]. Journal of Hydraulic Engineering (ASCE), 1994, 120(7); 863-883.

[11] Mingham CG, Causon DM. High resolution finite-volume method for shallow-water equation flows[J]. Journal of Hydraulic Engineering (ASCE), 1998, 124(6): 605-614.

[12] WANG Zhi-li, JIN Sheng. An unstructured finite volume algorithm for nonlinear two-dimensional shallow water equation[J]. Journal of Hydrodynamics, 2005, 17(3): 306-312.

[13] 谭维炎. 计算浅水动力学—有限体积法的应用[M]. 北京: 清华大学出版社, 1998.

[14] Bermudez A, Vazquez-Cendon ME. Upwind method for hyperbolic conservation laws

with source terms[J]. Computers and Fluids,1994,23(1):1049-1071.

[15] Jin S. Steady-state capturing method for hyperbolic systems with geometrical source terms[J]. Mathematical Modelling and Numerical Analysis,2001,35(1):631-646.

[16] Mohammadian A, Le Roux DY, Tajrishi M, et al. A mass conservative scheme for simulating shallow flows over variable topographies using unstructured grids[J]. Advances in Water Resources 2005,28(5):429-539.

[17] P. Brufan, M. E . Vazquez-Cendon and P. Garcia-Navarro. A numerical model for the flooding and drying of irregular domains[J]. International Journal for Numerical Methods in Fluids,2002,39(3):247-275.

[18] P. Brufau, P. Garcia-Navarro and M. E. Vazquez-Cendon. Zero mass error using unsteady wetting-drying conditions in shallow flows over dry irregular topography[J]. International Journal for Numerical Methods in Fluids,2004,45(10):1047-1082.

[19] Zhou JG, Causon DM, Mingham CG, et al. The surface gradient method for the treatment of source terms in the shallow-water equations[J]. Journal of Computational Physics,2001,168(1):1-25.

[20] LeVeque RJ. Balancing source terms and flux gradients in high-resolution Godunov method[J]. Journal of Computational Physics,1998,146(1):346-365.

[21] Goutal N, Maurel F, eds. Proceedings of the 2nd Workshop on Dam-Break Wave simulation[R]. Technical Report HE-43/97/016/A.

[22] A. Mohammadian, D. Y. Le Roux. Simulation of shallow flows over variable topographies using unstructured grids[J]. International Journal for Numerical Methods in Fluids, 2006,52(4):473-498.

[23] Shu C. W. , Osher S. Efficient implementation of essentially non-oscillatory shock capturing schemes[J]. Journal of Computational Physics,1988,77(1):439-471.

[24] Brufau P, Garcia-Navarro P. Two-dimensional dam break flow simulation[J]. International Journal for Numerical Methods in Fluids,2000,33(1):35-57.

[25] Bradford SF, Sandres BF. Finite-volume model for shallow-water flooding of arbitrary topography[J]. Journal of Hydraulic Engineering(ASCE),2002,128(1):289-298.

[26] Batina J. Implicit flux-split Euler schemes for unsteady aerodynamics analysis involving unstructured dynamic meshes[J]. AIAA,1990,29(11):1361-1369.

[27] Yoon T H, Kang S. Finite volume model for two-dimensional shallow water flows on unstructured grids[J]. Journal of Hydraulic Engineering,2004,130(7):678-688.

[28] Begnudelli L, Sanders B F. Unstructured grid finite-volume algorithm for shallow-

water flow and scalar transport with wetting and drying[J]. Journal of Hydraulic Engineering,2006,132(4):371-384.

[29] Zhang W, Cundy T W. Modeling of two-dimensional overland flow[J]. Water Resources Research,1989,25(10):2019-2035.

[30] Heniche M,Secretan Y,Boudreau P et al. A two-dimensional finite element drying-wetting shallow water model for rivers and estuaries[J]. Advances in Water Resources,2000,23(4):359-372.

[31] Begnudelli L,Sanders B F. Conservative wetting and drying methodology for quadrilateral grid finite volume models[J]. Journal of Hydraulic Engineering,2007,133(3): 312-322.

[32] Nguyen D K,Shi Y E,Wang S S et al. 2D shallow-water model using unstructured finite volumes methods[J]. Journal of Hydraulic Engineering, 2006, 132(3): 258-269.

[33] Molls T,Chaudhry M H. Depth-averaged open channel flow model[J]. Journal of Hydraulic Engineering,1995,121(6):453-465.

[34] Akanbi A A,Katopodes N D. Model for flood propagation on initially land[J]. Journal of Hydraulic Engineering,1988,114(7):689-706.

[35] Khan A A. Modeling flow over an initially dry bed[J]. Journal of Hydraulic Research,2000,38(5):383-389.

[36] 李宏,文宗川. 溃坝问题的间断有限元方法[J]. 应用数学与计算数学学报,2003,17(2):40-48.

[37] Rebay S. Efficient unstructured mesh generation by means of Delaunay triangulation and Bowyer-Watson algorithm[J]. Journal of computational physics,1993,106(1): 125-138.

[38] 曾扬兵,沈孟育,王保国,等. 非结构网格生成 Bowyer-Watson 方法的改进[J]. 计算物理,1997,14(2):179-184.

[39] 欧莽. 非结构网格生成技术及在浅水波方程求解中的应用[D]. 合肥:安徽大学,2004.

[40] 李景焕. 基于 Bowyer-Watson 法的 Delaunay 三角网格的一些改进[J]. 天津商学院学报,2007,27(3):33-37.

[41] 张修忠,金生. 任意平面区域三角形网格的全自动生成算法[J]. 计算力学学报,2000,17(3):313-319.

[42] Teng S H, Wong C W. Unstructured mesh generation: Theory, practice and

perspectives[J]. International Journal of Computational Geometry and Applications, 2000,10(1):227-266.

[43] Meselhe EA, Holly FM. Simulation of unsteady flow in irrigation canals with a dry bed [J]. Journal of Hydraulic Engineering,1993,119(9):1021-1039.

[44] Harten A, Lax P D, van Leer B. On upstream differencing and Godunov-type schemes for hyperbolic conservation laws[J]. SIAM Review,1983,25(1):35-61.

[45] Farshi D, Komaei S. Discussion of "finite volume model for two-dimensional shallow water flows on unstructured grids" by Tae Hoon Yoon and Seok-Koo Kang[J]. Journal of Hydraulic Engineering,2005,131(12):1147-1148.

[46] Hubbard M E. Multidimensional slope limiters for MUSCL type finite volume schemes on unstructured grids[J]. Journal of Computational Physics,1999,155(1):54-74.

[47] Wang J W, Liu R X. A comparative study of finite volume methods on unstructured meshes for simulation of 2D shallow water wave problems[J]. Mathematics and Computers in Simulation,2000,53(3):171-184.

[48] LeVeque R. Balancing source terms and flux gradients in high-resolution Godunov methods: The quasi-steady wave-propagation algorithm[J]. Journal of Computational Physics,1998,146(1):346-365.

[49] Hubbard M E, Garcia-Navarro P. Flux difference splitting and the balancing of source terms and flux gradients[J]. Journal of Computational Physics, 2000, 165(1): 89-125.

[50] 艾丛芳,金生.基于三角形网格求解二维浅水方程的改进的 HLL 方法[J].水动力学研究与进展,2007,22(6):34-41.

[51] 潘存鸿.三角形网格下求解二维浅水方程的和谐 Godunov 格式[J].水科学进展,2007,18(2):204-209.

[52] 吕彪.基于非结构化网格的具有自由表面水波流动数值模拟研究[D].大连:大连理工大学,2010.

[53] Stelling G, Zijlema M. An accurate and efficient finite-difference algorithm for non-hydrostatic free-surface flow with application to wave propagation[J]. International Journal for Numerical Methods in Fluids,2003,43(1):1-23.

[54] Yuan H, Wu C H. An implicit three-dimensional fully non-hydrostatic model for free-surface flows[J]. International Journal for Numerical Methods in Fluids,2004,46(7):709-733.

[55] Yuan H, Wu C H. Fully nonhydrostatic modeling of surface waves[J]. Journal of

Engineering Mechanics,2006,132(4):447-456.

[56] Choi D Y,Wu C H. A new efficient 3D non-hydrostatic free-surface flow model for simulating water wave motions[J]. Ocean Engineering,2006,33(5-6):587-609.

[57] Wu C H,Yuan H. Efficient non-hydrostatic modeling of surface waves interacting with structures[J]. Applied Mathematical Modelling,2007,31(4):687-699.

[58] Marcel Zijlema,Guus S. Stelling. Further experience with computing non-hydrostatic free-surface flows involving water waves[J]. International Journal for Numerical Methods in Fluids,2005,48(1):169-197.

[59] Young C C,Wu C H,Kuo J T et al. A higher-order σ-coordinate non-hydrostatic model for nonlinear surface waves[J]. Ocean Engineering, 2007, 34(10): 1357-1370.

[60] Lin P,Li C W. A σ-coordinate three-dimensional numerical model for surface wave propagation[J]. International Journal for Numerical Methods in Fluids,2002,38(11):1045-1068.

[61] Park J C,Kim M H,Miyata H. Fully non-linear free-surface simulations by a 3D viscous numerical wave tank[J]. International Journal for Numerical Methods in Fluids,1999,29(6):685-703.

[62] Yuan HL,Wu CH. A two-dimensional vertical non-hydrostatic σ model with an implicit method for free-surface flows[J]. International Journal for Numerical Methods in Fluids,2004,44(8):811-835.

[63] Zhou J G,Stansby,P K. An arbitrary Lagrangian-Eulerian σ(ALES) model with non-hydrostatic pressure for shallow water flows[J]. Computer Methods in Applied Mechanics and Engineering,1999,178(1-2):199-214.

[64] Iafrati A,Campana E F. A domain decomposition approach to compute wave breaking (wave-breaking flows)[J]. International Journal for Numerical Methods in Fluids, 2003,41(4):419-445.

[65] Yue W S,Lin C L,Patel V C. Numerical simulation of unsteady multidimensional free surface motions by level set method[J]. International Journal for Numerical Methods in Fluids,2004,42(8):853-884.

[66] Ng C O,Kot S C. Computations of water impact on a 2-dimensional flat-bottom body with a volume-of-fluid method[J]. Ocean Engineering,1992,19(4):337-383.

[67] Shen Y M,Ng C O,Zheng Y H. Simulation of wave propagation over a submerged bar using the VOF method with a two-equation k-epsilon turbulence modeling[J]. Ocean

Engineering, 2004, 31(1): 87-95.

[68] Nielson K B, Mayer S. Numerical prediction of green water incidents[J]. Ocean Engineering, 2004, 31(3-4): 363-399.

[69] Casulli V. A semi-implicit finite difference method for non-hydrostatic, free-surface flows[J]. International Journal for Numerical Methods in Fluids, 1999, 30(4): 425-440.

[70] Casulli V, Zanolli P. Semi-implicit numerical modeling of non-hydrostatic free-surface flows for environmental problems[J]. Mathematical and Computer Modeling, 2002, 36(9-10): 1131-1149.

[71] Casulli V. Semi-implicit finite difference methods for the two-dimensional shallow water equations[J]. Journal of Computational Physics, 1990, 86(1): 56-74.

[72] Casulli V, Cheng R T Semi-implicit finite difference methods for three-dimensional shallow water flow[J]. International Journal for Numerical Methods in Fluids, 1992, 15(6): 629-648.

[73] Casulli V, Cattani E. Stability, accuracy and efficiency of a semi-implicit method for three-dimensional shallow water flow[J]. Computers & Mathematics with Applications, 1993, 27(4): 99-112.

[74] Yoichi O, Takashi Y. Multi-dimensional semi-Lagrangian characteristic approach to the shallow water equation by the CIP method[J]. International Journal of Computational Engineering Science, 2004, 5(3): 699-730.

[75] Ham D A, Pietrzak J, Stelling G S. A scalable unstructured grid 3-dimensional finite volume model for the shallow water equations[J]. Ocean Modeling, 2005, 10(1-2): 153-169.

[76] Ham D A, Pietrzak J, Stelling G S. A streamline tracking algorithm for semi-Lagrangian advection schemes based on the analytic integration of the velocity field[J]. Journal of Computational and Applied Mathematics, 2006, 192(1): 168-174.

[77] Martin N, Gorelick S M. Semi-analytical method for departure point determination[J]. International Journal for Numerical Methods in Fluids, 2005, 47(2): 121-137.

[78] Rebay S. Efficient unstructured mesh generation by means of Delaunay triangulation and Bowyer-Watson algorithm[J]. Journal of computational physics, 1993, 106(1): 125-138.

[79] Lawson C L. Software for C1 surface interpolation[M]. New York: Academic Press, 1977.

[80] Stansby P K,Zhou J G. Shallow-water flow solver with non-hydrostatic pressure: 2D vertical plane problems[J]. International Journal for Numerical Methods in Fluids, 1998,28(3):541-563.

[81] 刘儒勋,舒其望. 计算流体力学的若干新方法[M]. 北京:科学出版社,2003.

[82] 陶文铨. 计算传热学的近代进展[M]. 北京:科学出版社,2000.

[83] LV Biao, JIN Sheng. Three-dimensional non-hydrostatic model for small amplitude free surface flows with unstructured grid[J]. Journal of Hydrodynamics, Ser. A, 2009,24(3):350-357(in Chinese).

[84] AI Cong-fang, JIN Sheng. Three-dimensional non-hydrostatic model for free-surface flows with unstructured grid[J]. Journal of Hydrodynamics, Ser. B, 2008, 20(1): 108-116 .

[85] Blair Perot. Conservation properties of unstructured staggered mesh schemes[J]. Journal of Computational Physics, 2000, 159(1):58-89.

[86] Zang Y. ,Street R. L. A non-staggered grid, fractional step method for time-dependent incompressible Navier-Stokes equations in curvilinear[J]. Journal of Computational Physics, 1994, 114(1):18-33.

[87] HAM D. A, PIETRZAK J. and STELLING G. S. A scalable unstructured grid 3-dimensional finite volume model for the shallow water equations[J]. Ocean Modeling, 2005, 10(1-2):153-169.

[88] Ford R. , Pain C. C. , Piggott et al. A nonhydrostatic finite-element model for three-dimensional stratified oceanic flow[J]. Month weather review, 2004, 312(9): 2816-2831.

[89] C. Leupi, M. S. Altinakar. Finite element modeling of free-surface flows with non-hydrostatic pressure and k-ε turbulence model[J]. International Journal for Numerical Methods in Fluids, 2005, 49(2):1145-1162.

[90] 章本照,印建安,张宏基. 流体力学数值方法[M]. 北京:机械工业出版社,2003.

[91] Fennema R J, Chaudhry M H. Explicit method for 2D transient free-surface flows[J]. Journal of Hydraulic Engineering, 1990, 116(8):1013-1034.

[92] Jawahar P, Kamath H. A high-resolution procedure for Euler and Navier-Stokes computations on unstructured grids[J]. Journal of Computational Physics, 2000, 164(1): 165-203.

[93] Okamoto T, Kawahara M, Ioki N et al. Two-dimensional wave run-up analysis by selective lumping finite element method[J]. International Journal for Numerical

Methods in Fluids,1992,14(1):1219-1243.

[94] Titov V V,Synolakis C E. Modeling of breaking and nonbreaking long-wave evolution and runup using VTCS-2 [J]. Journal of Waterway, Port, Coastal, and Ocean Engineering,1995,121(6): 308-316.

[95] Stockstill R L,Berger R C,Nece R E. Two-dimensional flow model for trapezoidal high-velocity channels [J]. Journal of Hydraulic Engineering, 1997, 123 (10): 844-852.

[96] Kobayshi N,Otta A K,Roy I. Wave reflection and run-up on rough slopes[J]. Journal of Hydraulic Engineering,1987,113(3):282-298.

[97] 潘存鸿,林炳尧,毛献忠. 一维浅水流动方程的 Godunov 格式求解[J]. 水科学进展,2003,14(4):430-436.

[98] Goutal N and Lepeintre F. Proceedings of the 8th International Conference on Computational Methods in Water Resources[C]. Venice: Springer-Verlag Berlin, 1990:33-38.

[99] Li Y S,Zhan J M. Three-dimensional finite-element model for stratified coastal seas [J]. Journal of Hydraulic Engineering,1998,124(7):699-703.

[100] Miglio E,Quarteroni A,Saleri F. Finite element approximation of Quasi-3D shallow water equations[J]. Computer methods in applied mechanics and engineering, 1999,174(3-4): 355-369.

[101] 刘桦,何友声. 河口三维流动数学模型研究进展[J]. 海洋工程,2000,18(2): 87-93.

[102] 艾丛芳. 具有自由表面水流问题模拟研究[D]. 大连:大连理工大学,2008.

[103] Chorin A J. Numerical solution of Navier-Stokes equations [J]. Mathematics of Computation,1968,22:745-762.

[104] Li B,Fleming C A. Three-dimensional model of Navier-Stokes equations for water waves[J]. Journal of Waterway,Port,Coastal and Ocean Engineering,2001,127 (1):16-25.

[105] Chen X. A fully hydrodynamic model for three-dimensional free-surface flows[J]. International Journal for Numerical Methods in Fluids,2003,43(1):1-24.

[106] Namin M M,Lin B,Falconer R A. An implicit numerical algorithm for solving non-hydrostatic free surface flow problems [J]. International Journal for Numerical Methods in Fluids,2001,35(3):341-356.

[107] Berkhoff J C W,Booji N,Raddar A C. Verification of numerical wave propagation

models for simple harmonic linear waves[J]. Coastal Engineering,1982,6(3):255-279.

[108] Oliveira A,Baptista M. On the role of tracking on Eulerian-Lagrangian solutions of the transport equation[J]. Advances in Water Resources,1998,21(7):539-544.

[109] Gross E S,Bonaventura L,Rosatti G. Consistency with continuity in conservative advection schemes for free-surface models[J]. International Journal for Numerical Methods in Fluids,2002,38(4):307-327.

[110] Lin P Z,Man C J. A staggered-grid numerical algorithm for the extended Boussinesq equations[J]. Applied Mathematical Modelling,2007,31(2):349-368.

[111] Li Y S,Zhan J M. Boussinesq-Type Model with Boundary-Fitted Coordinate System [J]. Journal of Waterway, Port, Coastal, and Ocean Engineering, 2001, 127(3): 152-160.

[112] Nadaoka K,Beji S,Nakakawa Y. A fully-dispersive nonlinear wave model and its numerical solutions [C]. Proceedings of the 24th International Conference on Coastal Engineering ASCE,Japan,1994:427-441.

[113] Li B,Fleming C A. A three dimensional multigrid model for fully nonlinear water waves[J]. International Journal for Numerical Methods in Fluids,1997,30(3-4): 235-258.

[114] Grilli S T, Guyenne P, Dias F. A fully non-linear model for three-dimensional overturning waves over an arbitrary bottom[J]. International Journal for Numerical Methods in Fluids,2001,35(7):829-867.

[115] 陶建华. 水波的数值模拟[M]. 天津:天津大学出版社,2005.

[116] 刘长根. 用 URANS 方程模型模拟波浪与结构物的相互作用[D]. 天津:天津大学,2003.

[117] Lee J W,Teubner M D,Nixon J B et al. A 3-D non-hydrostatic pressure model for small amplitude free surface flows[J]. International Journal for Numerical Methods in Fluids,2006,50(6): 649-672.

[118] 崔占峰,张小峰. 三维紊流模型在丁坝中的应用[J]. 武汉大学学报,2006,39(1):15-20.

[119] O. B. Fringer,M. Gerritsen,R. L. Street. An unstructured-grid,finite-volume,nonhydrostatic, parallel coastal ocean simulator[J]. Ocean Modelling,2006,14(1-2):139-172.

[120] Qiuhua Liang, Alistair G. L. Borthwick. Adaptive quadtree simulation of shallow flows with wet-dry fronts over complex topography[J]. Computers and Fluids,2009,

38(2):221-234.

[121] Vicent Caselles, Rosa Donat, Gloria Haro. Flux-gradient and source-term balancing for certain high resolution shock-capturing schemes [J]. Computers and Fluids, 2009, 38(1):16-36.

[122] Roache PJ. Perspective: a method for uniform reporting of grid refinement studies [J]. Journal of Fluids Engineering, 1994, 116(2):405-413.

[123] C. Leupi, M. S. Altinakar Finite element modeling of free-surface flows with non-hydrostatic pressure and k-ε turbulence model [J]. International Journal for Numerical Methods in Fluids, 2005, 49(2):1145-1162.

[124] Stansby PK, Zhou JG. Shallow-water flow solver with non-hydrostatic pressure: 2D vertical plane problems[J]. International Journal for Numerical Methods in Fluids, 1998, 28(3):541-563.

[125] Van Rijn LC. The computation of the flow and turbulence field in dredged trenches [R]. Delft Hydraulics Laboratory: Delft, 1982.

[126] Alfrink BJ, Van Rijn LC. Two-equation turbulence model for flow in trenches[J]. Journal of Hydrologic Engineering, 1983, 109(6):941-958.

[127] R. A. Nicolaides. Direct discretization of planar div-curl problems[R]. ICASE Report 76-89, 1989.